岭南建筑丛书

珠江三角洲建筑二十年
ZHUJIANGSANJIAOZHOUJIANZHUERSHINIAN

燕果 著

中国建筑工业出版社

图书在版编目(CIP)数据

珠江三角洲建筑二十年/燕果著. —北京：中国建筑工业出版社，2005
 (岭南建筑丛书)
 ISBN 7-112-07265-4

Ⅰ. 珠… Ⅱ. 燕… Ⅲ. 建筑史—珠江三角洲 Ⅳ. TU - 092

中国版本图书馆 CIP 数据核字(2005)第 025047 号

责任编辑：唐　旭　张幼平
责任设计：崔兰萍
责任校对：孙　爽　王金珠

岭南建筑丛书
珠江三角洲建筑二十年
燕　果　著
*
中国建筑工业出版社出版、发行（北京西郊百万庄）
新 华 书 店 经 销
北京建筑工业印刷厂印刷
*
开本：787×960毫米　1/16　印张：13¼　字数：300千字
2005年6月第一版　2005年6月第一次印刷
印数：1—2,500册　　定价：**38.00**元
ISBN 7-112-07265-4
TU·6492(13219)

版权所有　翻印必究
如有印装质量问题，可寄本社退换
（邮政编码 100037）
本社网址：http://www.china-abp.com.cn
网上书店：http://www.china-building.com.cn

总　序

　　20世纪70年代，广州因对外贸易的需要，建造了很多的新建筑，当时，新的设计思想、新的样式、新的手法给人一种新的感受，使人耳目一新，学习广州建筑也就成为当时的一种新潮。广州建筑是岭南地区建筑的一个组成部分，由于广州是岭南政治、经济、文化的中心，因而，从某种意义来说，谈到广州建筑，它就成为岭南建筑的代表了。此后，岭南建筑驰名全国，成为了全国主要流派之一。

　　谈到岭南地区的范围有不同看法，以建筑界来说，有广义和狭义两种解释。按地理来分，位于五岭之南称为岭南。因此，广义来说，包括广东、海南全省，福建泉州、漳州以南，广西东部桂林以南如南宁、北海等地区，属于岭南范围。狭义来说，则指广东珠江三角洲地区，包括肇庆、汕头、湛江和香港、澳门地区。我们认为按广义解释较为合理。可是在习惯上，岭南文化与广东文化经常相互混用，没有严格区分，而是按实际需要而定。

　　岭南建筑是一个特殊名词，它不等于建造在岭南地区的建筑就叫岭南建筑。我们认为，凡有岭南地域文化特征的建筑物才称它为岭南建筑。按时期来分就有岭南古建筑、岭南近代建筑和岭南现代建筑，后者也可称为岭南新建筑。

　　岭南古属南越，因它远离中原，古代被认为是不毛之地，在封建社会是作为流放发配的场所。在文化方面，岭南地区原为地道的土著文化，自秦汉开始已有中原文化进入。隋唐以来，随着对外商贸经济的不断发展，开辟了海上丝绸之路，土著文化与中原文化长期融合，又吸收了荆楚文化，吴越、闽越文化和沿海海洋文化，岭南文化成为一种以中原文化为主的多元综合文化。到了近代，岭南地区是最早与西方建筑文化进行交流的地区之一，从广东开平、台山侨乡建筑中，更可见到大量民间自发的对外交往，岭南人的敏捷开朗、讲究实际和敢拼敢闯的性格特征和多元兼容的文化特征深刻影响着岭南建筑的地方特性的呈现。

岭南地区位于中国大陆的最南地带，东南濒海，区内丘陵地多而平地较少，其间河流纵横。加上气候炎热，多雨又多台风，春夏之际湿度很大，有时达到饱和点，这种特殊的自然条件对建筑影响甚大。

建筑的地域性，除了文化、性格条件外，不同的自然条件，包括气候、地形、地貌、材料也是形成地方特性的主要因素，这是有别于其他地方建筑的一项重要内容。为此，建筑与自然环境的结合就自然形成为岭南建筑的一大特色。

岭南建筑，作为岭南地域文化的一种现象，与岭南文化、性格相表里，岭南人敏捷敢闯的思维，曾一度开风气之先。岭南建筑的创作实践和发展的过程蕴涵了建筑的地域、时代、文化、性格等各方面整合发展的规律和特点，因此，总结和加强岭南建筑的理论研究不但有着重要的学术价值，而且有着现实意义。

设想组织编写一套岭南建筑的书籍，总结前人和当代人在岭南传统建筑和当代建筑中的成就、经验、创作规律、创作思想和手法，为现代建筑服务是我们很早想做的一件事情，由于各种原因拖了下来。当前，在中央重视文化的方针号召下，在广东省委提出要"建设文化大省"的鼓舞下，我们感到有条件、有可能进行编写岭南建筑这一套书籍。

2003年12月，在福建武夷山一次民居学术研讨会上，中国建筑工业出版社张惠珍副总编参加了会议。我们提出希望出版岭南建筑丛书，得到了张副总编的大力支持，现在希望变为现实，我们要感谢中国建筑工业出版社。

现在组织编写出版的第一辑《岭南建筑丛书》六册，内容有城市与建筑发展、建筑与人文、类型建筑、园林与建筑技术等。我们还打算继续组织编写第二辑，希望有志于弘扬岭南建筑与文化的专家、学者给我们来稿，共同为创造和发展现代岭南建筑与文化尽一份力量。

陆元鼎

于华南理工大学建筑学院

2005年1月

目　录

总序

绪论　珠江三角洲建筑发展的背景概况 …………………………………… 1

第一章　珠江三角洲的自然及人文特征 …………………………………… 11

第二章　岭南建筑的先声 …………………………………………………… 16
　　第一节　珠江三角洲的建筑学之初 …………………………………… 16
　　第二节　岭南现代建筑的诞生和发展 ………………………………… 21

第三章　吸纳世界建筑理论 ………………………………………………… 36
　　第一节　20世纪西方建筑理论的演进 ………………………………… 36
　　第二节　西方建筑理论对珠江三角洲建筑的影响 …………………… 51

第四章　继承传统建筑精华 ………………………………………………… 108
　　第一节　继承传统建筑精华的理论研究 ……………………………… 109
　　第二节　继承传统建筑精华的工程实践 ……………………………… 124

第五章　融合多元建筑文化 ………………………………………………… 137
　　第一节　珠江三角洲建筑多元发展的背景概况 ……………………… 138
　　第二节　珠江三角洲建筑的风格 ……………………………………… 140
　　第三节　珠江三角洲小区总体规划 …………………………………… 142
　　第四节　珠江三角洲的居住模式对建筑的影响 ……………………… 148
　　第五节　珠江三角洲的小区典例 ……………………………………… 152

第六章　开创岭南建筑新风 ………………………………………………… 164
　　第一节　开创岭南建筑新风的工程实践 ……………………………… 165
　　第二节　岭南新建筑的创作理论 ……………………………………… 188

主要参考文献 ………………………………………………………………… 199

绪论　珠江三角洲建筑发展的背景概况

一、研究珠江三角洲建筑 20 年的目的、意义及方法

在五岭之南，南海之滨，有一片广袤的热土——广东。19 世纪末 20 世纪初，中华民族为摆脱持续了几千年、造成近代中国贫穷落后的总根源——封建帝制，展开了艰苦卓绝的斗争。在这场决定民族命运的斗争中，广东人起了举足轻重的作用。广东花县人洪秀全领导的太平天国运动，严重动摇了清王朝的统治基础；广东南海人康有为和广东新会人梁启超领导的"公车上书"、"戊戌变法"试图以君主立宪的方式，事实上摆脱封建王朝的统治；广东香山人孙中山领导的辛亥革命，推翻了封建王朝在中国几千年的统治。扫除军阀的北伐战争更是从广东出发，吸引了大量的广东子弟参加，广东成了北伐的大后方和根据地。

广东人在上一个世纪之交，在中华民族划时代的变革中，创造了惊天地、泣鬼神的光辉业绩。20 世纪的最后 20 年，得天独厚的地缘、人缘优势和社会变革的机遇相结合，把南中国的这片热土再次推上了时代大潮的峰顶浪尖。广东为中华民族经济的腾飞，创造了举世瞩目的奇迹。

珠江三角洲是横贯广东的珠江在出海口形成的冲积平原，长期以来一直是广东经济发展的重心，也是岭南文化的中心。1978 年 12 月中国共产党十一届三中全会确定了以经济建设为中心和改革开放的政策。珠江三角洲是我国在执行对外开放政策中发展快、层次多的先行地区。1980 年中国兴建的四个经济特区，珠江三角洲就有深圳、珠海两个。其中深圳是我国规模最大、起步最早、发展最快的一个综合经济特区。1984 年开放的 14 个沿海城市中，广州是其中的重点之一。1985 年整个珠江三角洲又被辟为沿海三个经济发展区之一。

珠江三角洲八门出海，港口众多，对外联系十分方便。在古代，

广州的对外贸易基本上一直居于全国大港之首，是国家的"南大门"。本区华侨及港澳同胞众多，为珠江三角洲发展对外经济联系、引进外国资金和技术提供了十分方便的条件。珠江三角洲毗邻港澳，在利用香港这个世界金融中心、商业中心、海运中心和巨大消费市场的有利条件促进自身经济发展方面，具有中国其他沿海地区无法比拟的优越性。

珠江三角洲特殊的地理环境、气候条件、历史发展和以岭南文化为主体的人文特征与改革开放的社会发展机遇相结合，带来了珠江三角洲经济的高速发展。作为经济发展的载体和标志——建筑业也得到了空前的发展。珠江三角洲的建筑作为广东建筑的代表，在经济迅猛发展的20年中，取得了前所未有的成就，其规模之大，建设速度之快，短期内涌现的优秀建筑之多，在中国现代建筑史上已经留下了不可磨灭的、浓重的一笔。

本书试图对珠江三角洲从1979年到1999年这20年的建筑状况作一个初步的分析和总结。在种类繁多的建筑中，以重要的、即使经历史沉淀也不失光辉的单体建筑或建筑群为重点，归纳珠江三角洲建筑的特征及体现在其中的创作理论。通过对珠江三角洲的历史、人文、自然环境、社会发展机遇、岭南建筑前辈创作思想以及对西方建筑理论的研究，揭示珠江三角洲建筑20年成就的来龙去脉。为珠江三角洲建筑在21世纪的进一步发展，为后人研究这一段建筑史留下一份初步的研究成果和珍贵的资料。同时，也借此向中国建筑界介绍珠江三角洲建筑的动态及创作思想。

本书以翔实可靠的第一手资料为主。采用分析研究珠江三角洲重要设计院的设计文件，现场收集资料、拍摄照片，拜访建筑大师、建筑学教授和其他重要的建筑师，参阅20年来重要的学术刊物和学术论文，走访珠江三角洲主要城市的建筑管理部门、年鉴编辑部门和统计部门，查阅珠江三角洲的历史文献等方法取得资料。

研究方法：第一，把珠江三角洲20年的建筑行为放到中国现代建筑史和岭南特殊的自然与人文环境中去进行研究。20年的珠江三角洲建筑不是无源之水，无本之木，改革开放20年，建筑业先行一步空前发展的现实没有发生在其他地方，而是发生在以珠江三角洲为核心的广东，这绝非偶然。通过分析珠江三角洲的历史特性、自然环境、人文精神和20世纪初建筑学兴起以来岭南现代建筑的前辈在建筑领域进行的不间断的探索，来揭示珠江三角洲建筑在20世末得以飞跃发展的历史必然性。

第二，把珠江三角洲20年的建筑行为放到世界建筑发展的潮流中去进行研究。20世纪初以来，现代建筑适应工业社会的发展需要风靡全球。"二战"以后，七大建筑倾向五彩缤纷。60年代出现后现代建筑，宣布现代建筑已经死亡。80年代的解构主义令人眼花缭乱。KPF风格、新古典主义等百花齐放，百家争鸣。中国闭关锁国30年，中国建筑游离于世界建筑潮流之外久矣！改革开放，国门顿开，发展了近一个世纪的各种建筑潮流蜂拥而至，浓缩在20世纪最后20年的珠江三角洲，林林总总，千姿百态，令人目不暇接。珠江三角洲作为岭南文化的中心，由于五岭的阻隔，远离正统的中原文化，成为传统儒家文化异化的滋生地，而对海外文化则取兼容并蓄之势。正是这种文化特质，使珠江三角洲的建筑在与世界各种建筑风格和建筑潮流的大碰撞中通过"纳"、"承"、"融"、"创"的发展过程独树一帜，与众不同。"纳"、"承"、"融"、"创"是笔者经过研究，对珠江三角洲建筑20年特征的归纳。"纳"是吸纳世界建筑理论；"承"是继承传统建筑精华；"融"是融合多元建筑文化；"创"是开创岭南建筑新风。

第三，在珠江三角洲改革开放20年建成的众多建筑中，选择有代表意义的单体建筑或建筑群，按照"纳、承、融、创"四个方面进行研究，揭示珠江三角洲建筑的特征及包含其中的创作思想和理论。

研究珠江三角洲建筑20年，不可能面面俱到，无一疏漏，而只能是采取突出重点、提纲挈领的办法进行研究。广州位于珠江三角洲的中心部位，又是广东省政治、经济、文化的中心。珠江三角洲建筑在20年的发展过程中，出现的各种建筑现象，形成的建筑风格和创作理论，都在广州建筑中得到了集中的体现。因此，广州建筑在珠江三角洲建筑发展过程中起着统领全局、举足轻重的作用。深圳位于珠江三角洲的东南部，1980年成为全国最早成立的经济特区。深圳以其惊人的速度由一个落后的边陲小镇发展成为现代化大都市，建筑规模之大、建筑速度之快在中国建筑史上史无前例，在研究珠江三角洲建筑20年时极具典型意义。如果说广州是在古城的基础上发展起来的现代化都市，那么深圳就是在一张白纸上绘成的最新图画。因此，本选题研究的重点放在珠江三角洲最具代表性的两座城市广州和深圳两地，同时兼顾珠海、东莞、中山、佛山等地。

二、珠江三角洲界定

珠江三角洲位于中国广东省中南部，系珠江下游一块异常肥沃的冲积平原。按地理学的观点，珠江三角洲的范围为三水—石龙一线以南至海滨的冲积平原，称为自然珠江三角洲，总面积为8601平方公里。珠江三角洲仅次于长江三角洲，在亚洲大河三角洲中占第6位，在世界占第15位。在确定珠江三角洲范围时，也有人把西江下游的肇庆盆地、北江下游的清远盆地、东江下游的惠阳盆地和流溪河下游的广花平原、潭江下游的潭江盆地划入珠江三角洲内。这个范围的三角洲常称为"大珠江三角洲"。大珠江三角洲应包括北至清远、西至肇庆、东至惠州、南至沿海的广大地区，总面积41596平方公里。大珠江三角洲（以下简称珠江三角洲）的主要城市包括广州、深圳、珠海、佛山、中山、东莞、江门、肇庆、惠州、清远、南海等（图0-1）。

图0-1
珠江三角洲在广东的位置（引自《珠江三角洲地图册》）

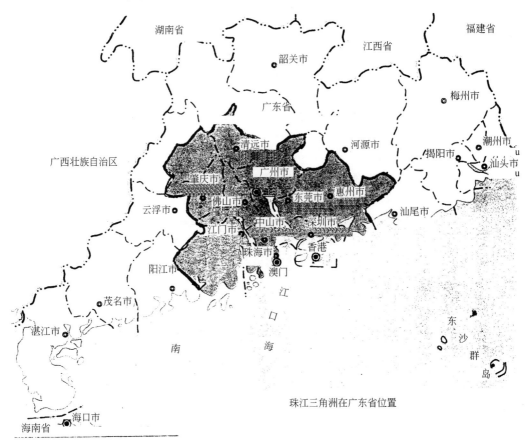

珠江三角洲在广东省位置

三、20年巨变

站在世纪之交的交点上，研究珠江三角洲的建筑，之所以将时间锁定在1979年到1999年这个范围，是因为20世纪这最后的20年在珠江三角洲发生了令世界震惊的巨变。经济的蓬勃发展，建筑业的突飞猛进，是以往任何一个时代都无法比拟的。经济的腾飞是建筑发展的基础和支撑点，因此研究珠江三角洲建筑20年，必须对珠江三角洲20年的经济发展概况和经济发展的动因有一个粗略的分析。

1979~1999年这20世纪的最后20年，中国出现了举世瞩目的巨变。这是中国现代史上国家面貌变化最大，综合国力增强最快，人民生活改善最多，建设成就最辉煌的20年。

1978年12月，中国共产党十一届三中全会确定了解放思想、实事求是、团结一致向前看的指导方针，作出了把工作重点转移到经济建设上来和实行改革开放的决策。

1980年8月，全国人大通过和颁布了《广东省经济特区条例》，正式公布在深圳、珠海、汕头三市分别划出一定区域，设置经济特区。

1984年5月，国务院批准广州、湛江等14个市为沿海开放城市，同年底国务院批准设立广州、湛江经济技术开发区。

1985年2月国务院批准珠江三角洲16个县、市列为沿海经济开发区，从此形成了多层次开放的格局。1987年11月扩大到27个县（1992年7月扩大至广东全省）。

1988年2月国务院批准广东作为综合改革试验区。

1992年邓小平南巡，视察了深圳、珠海、顺德等地，并发表著名的"南巡讲话"，提出判断各方面工作的是非标准，应该主要看是否有利于发展社会生产力，是否有利于增强国家的综合国力，是否有利于提高人民的生活水平；号召改革开放的胆子要大一些，抓住时机发展经济；发展才是硬道理；同时指出了建立市场经济的改革路线。邓小平的南巡讲话在广东以及全国掀起了改革开放的新高潮。

截至1998年，我国国内生产总值为79553亿元，经济总量居世界第7位。1978年至1998年我国经济年均增长率为9.8%，居世界各国之首，比同期发展中国家高4.8个百分点，比发达国家高7.3个百分点，比世界经济年增长率高6.5个百分点。

1997年，我国主要工农业产品产量跃居世界第1位。在世界的地位由第 32 位上升到第 10 位。1998 年外汇储备 1430 亿美元，居世界第 2 位。截至 1998 年实际利用外资 3483.5 亿美元，居世界第 2 位，仅次于美国。综合国力居世界第 9 位[1]。

改革开放 20 年，以珠江三角洲为核心的广东省抓住机遇，先行一步，栉风沐雨，崭露头角。广东经济由此进入了历史上发展最快、最好的黄金时期。改革开放前，广东经济在全国几乎处于无足轻重的地位，全省主要经济指标增长速度处于全国平均线以下。经过 20 年的改革开放，广东实现了经济发展的大跨越，一跃成为经济最发达的省份之一。1978 年广东省国内生产总值为 185.85 亿元，占全国的 5.1%，1998 年达到 7919.12 亿元，占全国的 10%，而广东的国土面积只占全国的 1.9%，人口仅为全国人口的 5.6%。广东省的国内生产总值比 1979 年翻了三番多，年均增长率为 14%，从 1989 年起已连续 10 年名列全国第一。人均国内生产总值 1978 年为 369 元，低于全国的 370 元，1998 年达到 11143 元，远远高于全国的 6079 元。1978 年，广东全社会固定资产投资总额为 27.29 亿元，至 1998 年达到 2668.13 亿元，20 年增长近百倍。1992 年以来，广东省固定资产额年年以 30% 以上的速度递增，至 1998 年底，7 年累计完成投资总额 14313.77 亿元，连续 7 年居全国首位。1979 年，广东实际利用外资 0.91 亿美元，到 1998 年底，20 年内实际使用外资累计约为 962 亿美元，占全国的四分之三，年均递增 30%，居全国首位。20 年来，利用外资占广东省社会固定资产投资的比重不断增大，"七五"（1986～1990 年）期间为 27.8%，"八五"（1991～1995 年）期间上升为 37.8%。广东省建设资金的 40% 来源于外资，白天鹅宾馆、虎门大桥、大亚湾核电站等重要项目都是引进外资的成果。1998 年广东省房地产业增加值为 363.5 亿元，比 1978 年增加近 264 倍。20 年来，广东房地产业年均增长率高达 30%，比国民经济发展速度高出 10 个百分点左右。广东十分重视住宅建设，至 1998 年底，全省城镇居民居住面积达 12.5 平方米，比 1980 年增加 6.07 平方米，超过了人均 12 平方米的中国小康居住标准。此外，广东省还在社会消费品零售额、地方财政收入、城乡居民储蓄存款余额、固定资产总量、公路通车里程、高速公路绝对数、城乡居民支配收入等方面位居全国第一。

改革开放 20 年，广东的城市建设快速发展，目前的城市数量和密度居全国首位，城市化水平达到 34.6%，高于全国平均水平。城市是社会经济文化发展的产物，是生产力最高水平的代表。截至

1998年，光是珠江三角洲一带就有城市20多座，建制镇406个，平均每平方公里85个，大大高于全国水平[2]。

珠江三角洲是广东经济发达的地区，经济总量占全省的七成。汇集珠江三角洲各市的资料显示：1997年珠江三角洲的土地面积占全省的23%，占全国的0.44%，人口占全省的1.9%，而它的国内生产总值达5300多亿元，约占全省的70%，全国的7%。1981年以来国内生产总值年平均增长17.9%。

广州是具有2200多年的历史文化名城，是华南的政治、经济、文化中心，地处珠江三角洲的地理中心。20年来，广州国民经济持续增长，一跃成为全国经济最发达的特大城市之一。国内生产总值从1978年的43.09亿元，增长到1997年的1646.26亿元，按可比价格计算，增长11.73倍，年均递增14.33%。人均国内生产总值于1997年率先突破3000美元。综合实力从1980年居全国十大城市第6位，跃居仅次于上海和北京的第3位。城市建成区面积从1978年的54平方公里扩大到1997年的266平方公里。城市居民人均住房面积从1978年的3.82平方米增加到90年代末的13.02平方米，居全国十大城市之首。广州基础设施建设投资，第七个五年计划期间为24.7亿元，"八五"为141.75亿元，"九五"为381.46亿元，1998年一年就达140亿元。市区10层以上的高层建筑1978年只有24幢，1997年达到3200幢[3]。80层高的中信大厦高出白云山摩星岭20米，成为新广州的标志。白天鹅宾馆、花园酒店、中国大酒店、广东国际大酒店等众多的五星级宾馆展示了一道亮丽的风景线。天河体育中心气势恢宏，星海音乐厅轻盈俊秀，东峻广场光洁流畅，锦城花苑高雅静谧，各类建筑如百花争艳，形象地记载了广州20年的巨变。

深圳又称鹏城，地处珠江三角洲南端，与香港相邻。开埠之前是一个边陲小镇，原宝安县县城所在地，旧城区在现在的解放路和东门路一带。旧城面积约3平方公里，人口2万多，街道简陋狭窄，总长不足1公里，最高建筑只是一幢5层楼房，市容陈旧破烂，人均居住面积仅2.74平方米。

1979年深圳建市，1980年8月深圳划出327.5平方公里兴办经济特区。经过18年的建设，深圳国内生产总值年均递增33.2%，1998年达到1289.28亿元，增长率14.5%（当年全国为7.8%），人均国内生产总值3.32万元，雄居全国之首。深圳市全社会固定资产投资1980年为1.38亿元，1998年达到474.63亿元。截至1998年

10月，深圳实际利用外资达到169.09亿美元，有63个国家和地区的外商直接投资项目15081个，外商投资企业13000家，世界500强企业中有36家在深圳投资设厂[4]。深圳已经从开埠前的边陲小镇发展成为一座拥有380万人口的现代化都市，经济实力跃居全国大中城市前列。因此，被人称为"一夜之城"。深圳是20世纪末世界上发展最快，最具传奇色彩的现代化城市。

深圳大规模的建设热潮始于1981年，到了1984年随着电子大厦、金城大厦、罗湖大厦、轻工大厦的接踵建成，18层以上的高层建筑达34幢，这些高层建筑大多数兴建在深南路两侧或附近一带。进入80年代中期以后深圳的高层建筑更是如雨后春笋般纷纷拔地而起，至1987年深圳共建各类房屋1462.72万平方米，18层以上楼宇、超高层楼宇66幢，其中包括当时国内最高的国际贸易中心大厦，建筑高度达160米。国贸大厦采用滑模施工新技术，三天一层楼，创造了闻名遐迩的"深圳速度"。截至1998年深圳共建成18层以上高层建筑593幢。1995年竣工的80层地王大厦，楼高383米，成为深圳新的标志性建筑。深圳特区建立以来，商品房建设发展十分惊人，19年累计面积达3584.41万平方米，其中商品住宅达2365.43万平方米，人均居住面积1979年仅为2.74平方米，1995年达到13平方米[5]。

珠海毗邻澳门，位于珠江三角洲的西江出海口，与深圳、广州在地理上成三足鼎立之势。开埠之前是人口约5000人的香洲镇，1980年成立珠海经济特区。近20年珠海由一个贫穷落后的边陲小镇，发展成为一个粗具规模的现代化花园式海滨城市。经过19年的建设，珠海特区的国民经济高速发展，经济实力显著增强。1979年，珠海市国内生产总值（现价）只有2.1亿元，1998年实现国内生产总值263.5亿元，按可比价格计算共增长65倍，平均每年增长速度达24.6%。1979年，人均国内总产值只有0.05万元，1998年实现2.3万元。1979年以来，累计完成固定投资634亿元，其中基本建设投资427亿元，更新改造投资18亿元，累计新增固定资产335亿元。1998年珠海城镇居民年人均可支配收入13648元，人均居住面积20平方米，居全国前列[6]。

珠海建设有两大特点，首先是保护环境。珠海的城市结构，根据地形被自然山水分割的特点，将城市分为中部（特区）、西部（重点开发区）和东部（海岛区）三个大区，各大区又划分为若干规模不等、功能有别、相对独立的组团，各组团之间，以山体、水域或绿地相分隔，用区间道路相连接。这种集中与分散相结合、带形与环状相结合的城市结构，有利于城市的交通组织和环境保护，富有弹性，使珠海的城市空间显得宽松开朗。珠海严格控制人口数量，规定每平方公里人口密度不超过8000人。市区人口密度比全国城市人口平均密度少一半，避免了因人口过度膨胀带来的拥挤、嘈杂、混乱等一系列负面效应。珠海对山林严加保护，营造大面积的山林绿化带，规定建成区绿化面积要占用地总面积的35%，旅游度假区及大型宾馆的绿化面积达50%以上。在70平方公里的建成区内，森林覆盖率达40%以上，城市人均绿化面积25平方米，在全国名列前茅。

珠海依山傍水，海岸线曲折，山丘绵延，自然风光秀丽。市区建筑不追求高楼林立，而以低层、多层和高层相结合，以多层为主，高层点缀，形成高低错落有致、建筑间距大、密度小、疏密有序的空间格局。白色是珠海的基调，不拘一格的白色建筑充满了宁静，层次分明的绿色环境显示了珠海的生机与活力。在珠海的主要干道九洲大道、情侣路、凤凰路、明珠路上，紫荆树、榕树、樟树、棕榈成行成排，一望无际，数不清的南国植物荟萃成珠海特有的园林景观，在珠海没有"混凝土森林"的压抑、车水马龙的喧嚣，人与自然融为一体，天人合一。1998年，珠海获联合国人居中心颁发的国际改善居住环境最佳范例奖，成为中国获此殊荣的惟一城市。不以牺牲环境为代价发展经济，把优美的城市环境本身视为一笔巨大的财富，这是珠海建设的一大特点。

珠海建设的第二大特点体现在城市建筑以及重点工程中的超前意识。考虑到几十年后城市的发展。20世纪80年代初，珠海就打破常规，一举借债9000万美元和3亿人民币，进行大规模的市政建设，并且大大突破了当时国家关于城市规划的标准。珠海九洲港是珠海的龙头工程，现正按照港池面积84平方公里，海岸线长70多公里，可建万吨泊位200个，最大泊位25万吨级，吞吐量2亿吨的超大型海港的规模进行建设。珠海机场1995年6月正式通航，其建设规模和设备现代化程度居全国领先地位。珠海机场跑道是国际4—E级标准，年最大旅客流量可达1200万人次，可起降目前世界上所有型号飞机，成为珠江三角洲西部地区与外界联系的航空交通枢纽，且成为我国惟一举办空中飞行表演的世界航空航天博览会的机场。优美的城市环境、超前的基础设施吸引国内外客商纷至沓来。珠海现有4000多家外资企业，实际利用外资56亿美元，外资投入年均增长30%，正所谓"栽下梧桐树，引得凤凰来"。

伴随着珠江三角洲的经济在 20 年内的蓬勃发展，珠江三角洲建筑向世人展示了其欣欣向荣、蒸蒸日上的风采。以雄厚的经济实力为支撑点，珠江三角洲的建筑确立了在中国建筑界不可替代的地位。

本章注释

[1] 关于全国经济发展的数据引自人民日报社论《伟大的丰碑，辉煌的岁月——纪念党的十一届三中全会二十年》(1998.12.18)。

[2] 本节关于广东经济发展的数据引自人民日报《广东对外开放和利用外资二十年》(1998.12.30)、《广东省年鉴》(1980～1999 年)、人民日报《跨世纪的华南》(1998.12.20)。

[3] 关于广州发展的数据来自《广州年鉴》(1980～1999 年)、《羊城晚报》1998 年 12 月《廿年回眸看广东》专栏。

[4] 关于深圳的经济发展数据引自《深圳经济特区年鉴》(1985～1999 年)、林航《一条大路看变迁》(载于《深圳经济特区报》1998.12)、杨剑《回眸：'97 中国特区》(载于《南风窗》1998.12)。

[5] 关于深圳建设的数据引自《深圳经济特区年鉴》(1985～1999 年)、张良君《深圳建筑》(世界建筑导报社 1987)、《深圳房地产年鉴》(1998～1999 年)、《中外房地产导报》(深圳规划国土局 1998 合订本)。

[6] 关于珠海的经济发展数据引自《腾飞的珠海特区》(载于《南方日报》1999.9.16)。

第一章 珠江三角洲的自然及人文特征

珠江三角洲建筑 20 年的巨大成就，决非偶然，除社会发展的历史机遇之外，还有其深刻的自然、人文及历史方面的渊源。所谓天时、地利、人和铸就了珠江三角洲建筑的成果。

珠江三角洲的地理特征

广东，史称岭南[1]，地处中国南疆，北枕南岭（大庾岭、骑田岭、越城岭、萌渚岭、都庞岭），南濒大海，西连云贵，东接福建，是一个相对独立的地理单元。横亘广东北部的五岭山地万山重叠，在交通落后的古代，是一道难以跨越的巨大障碍，限制了广东与中原的联系。直到唐代，岭南还被看作化外之地，被称作瘴疠之乡，人也被称作"南蛮"。中原人视岭南为畏途，同样，岭南人也难以跨越五岭进入中原，受中原经济文化和正统的儒家思想影响较少。

岭南境内，地势北高南低，地形十分复杂，北面以山地、丘陵为主。珠江三角洲和韩江三角洲是岭南主要的平原地区。珠江是中国第五大长河，发源于云南东北部乌蒙山地，经贵州、广西进入广东，称为西江，与源于江西、湖南的北江、东江汇合构成珠江三角洲水网地带。珠江主流从磨刀门等八处入海，全长 2197 公里，流量仅次于长江，居全国第二位。珠江自三水开始，河网支流稠密，涌渠纵横，冲积为珠江三角洲平原，珠江三角洲是广东最大的平原地区。

珠江三角洲北隔五岭，南阻大海，相对封闭的地理位置，有利于形成和发展具有自身特色的地方文化，特别是有利于民族文化的积淀，形成自己的地方特色，并易于承袭下来。岭南文化鲜明的个性，与其地理环境不无关系。

珠江三角洲南部临海，与越南、马来西亚、新加坡、印度尼西亚、菲律宾等国隔海相望。100 多个岛屿星罗棋布，海岸线长达 1059 公里，且沿海岸颇多良好港湾，是我国通往东南亚、大洋洲、中东和非洲等地区的最近出海口。

生活在岭南的古越人很早就利用浩瀚的南海求生存，随着航海、造船等技术进步，岭南人不断出海远航，走向世界，从而不断削弱自己的封闭性，增加开放性。特别到了近现代，海洋成为广东对外开放的主要通道。得海外风气之先，海洋给广东带来了无限开放的优势和生机。

珠江三角洲冲积平原，既利于农耕，又因其居于沿海和山区过渡交汇之处，易于成为交易场所，逐渐形成了商业文化的优势，当地人经商意识由来以久。

特殊的地理环境，致使珠江三角洲地区的文化具有强烈的地方性，同时对外来文化取兼容并蓄的态度。由于商业行为的影响，当地文化中急功近利的意识也显而易见。岭南建筑作为岭南文化的载体，必须体现本根文化自身的特征。

珠江三角洲的气候特征

珠江三角洲大部分位于北回归线以南，地处亚热带，属亚热带海洋性气候，是我国最近赤道的地区之一。日照时间长，太阳辐射热量大，气温高，年均气温22℃左右，最冷的1月份平均也在13℃以上，霜日仅2～3天，夏长冬短，雨量充沛，年平均降雨量在1700毫升以上，地下水位高，湿度大。

珠江三角洲特殊的气候特点，使当地建筑把通风、防潮、隔热作为主要考虑的因素。为了防避烟瘴湿气，古岭南人多架木为巢，形成干栏式建筑。有些房屋"任其漏滴"和"日光穿漏"，因为"地暖利在通风、不利堙湿"[2]。又由于雨量充沛、水网纵横、土地肥沃、植物繁茂，人们在从事建筑活动时，崇尚"天人合一"的思想，强调亲水性和建筑与自然融合的概念，园林和建筑合二为一成了岭南建筑的一大特色。

珠江三角洲的人文特征

由于特殊的地理、气候及历史的原因，岭南人具有许多风格迥异的特点。

叛逆性与兼容性：由于五岭阻隔，广东远离政治中心，受中原儒家文化影响相对较少，而直接来自海外文化的启迪却很多，故广东人思想和行为规范有对儒家文化叛逆的一面，又有对海外文化兼容并蓄的一面。近代通过海外贸易、华侨进出和假道港澳吸取先进实用的知识和技术，通过对比、鉴别，广东人对中国传统文化产生了怀疑，首先在珠江三角洲，继而在沿海城镇，人们从工商经营、工艺制作、建筑设计、文学艺术、日常生活乃至价值取向、思维方式等方面都率先效仿海外先进的文化成果，集中表现了广东人的超前意识。在 20 世纪最后 20 年的改革开放中，广东大量有效地利用外资，广泛吸收海外一切先进技术和管理经验，一跃成为经济实力最强的省份之一，有其深刻的历史原因。

商品意识：经商被中国传统的儒家文化视为雕虫小技而不屑一顾。但广东地处边陲，封建皇权鞭长莫及，素有"燕赵多豪侠，岭南出巨贾"之说。秦汉以来，广州一直为对外通商口岸，在无数次商品交换中，广东人不断受到商品的影响，培养和加强了商品价值的意识。历史上有广东"四民之中，商贾居其半"[3]的记载。因此，商品、市场、价值、信息等观念在广东人心中根深蒂固，使广东人目光远大，心怀宽广，重利轻"义"，不善空谈，讲求实际。现今改革开放，广东人特别活跃，在市场经济发展中走在全国前列，决非偶然。

冒险精神：受商品交易意识的驱使，广东人很早就学会了通过商品交换获得财富的方法，为此他们不惜冒险，敢于和善于开创，习惯变化，不怕新奇，处乱不惊。改革开放，广东人敢为天下先，先走一步，正体现了广东人的这种开拓冒险精神。

珠江三角洲的对外交流

珠江三角洲以其优越的地理条件，有史以来，对外交流非常频繁，一直是我国与海外联系的枢纽之地。

秦汉时期，公元前 219 年，修凿灵渠，使中原与岭南的交通比以前更加便利。由于大规模移民，传入了先进的生产技术，珠三角地区的经济面貌逐渐改观。

西汉初期，珠江三角洲的中心广州成为一个繁荣的都会，与此同时，地跨欧、亚、非三洲的罗马帝国正在崛起，工商业发达。东西两大帝国都积极开展对外政治和经济交往，促进了彼此间的海上贸易。外商越过重洋阻隔，向广州输入珠玑、玳瑁、琥珀、玛瑙、象牙、犀牛角等珍品。珠三角的各港口向海外输出黄金和大量的丝织品。从广州出海的船队，经过徐闻、合浦，前往印度半岛南部和锡兰岛。我国丝绸等物以此为中转站，再经安息（今伊朗），由罗马帝国商船运往南阿拉伯、埃及，通过红海与尼罗河之间的运河，到达亚历山大里亚，由此越过地中海，在欧洲各地市场销售。因而广州很早就和东南亚、南亚、西亚、北亚以及欧洲建立了直接或间接的贸易关系。这时海上丝绸之路开始出现。

南朝时候，广州海船已越过印度半岛科罗曼德海岸，驶往波斯湾，进入幼发拉底河，在希拉城附近贸易。

唐朝，广州海船到达印度半岛西岸后可分为两路，一路经霍尔木兹海峡进入波斯湾，另一路则横越印度洋，来到东非三兰国（今坦桑尼亚的达累斯萨拉姆一带）。大批外国商船沿着上述航线前来广州。

宋朝，我国西北对外陆路因战乱阻塞，南方对外海道的主要港口是广州，因而广州市场相当繁荣。

元朝，广州的对外贸易进一步发展。据陈大震《南海志》载："广（州）为番舶凑集之所，宝货丛聚，实为外府，岛夷诸国，不可名殚……故海山人兽之奇，龙珠犀贝之异，莫不充储于内府，畜玩于上林，其来者视为昔有加焉。"该书记载当时与广州有贸易关系的国家和地区达140个之多。

明朝，因倭寇问题曾一度实行海禁。清初，清朝政府为了防范占据台湾的郑成功及流落海外的反清明朝旧部，实行了禁海政策。在此期间只有广州仍然维持对外贸易来往。至1685年结束海禁，在广东、福建、浙江和江南四省设立海关。1757年，又一次封闭了一切通商口岸，只留广东一处，作为中外贸易的惟一商埠，直至鸦片战争。在广东独口通商期间，相对全国而言，广东是一个开放的地区。即使在清朝厉行闭关政策的岁月，珠江三角洲地区与西方世界的联系，也始终未曾中断。

广东省华侨数量为全国之冠。目前，生活在世界各国的3000万华侨，来自广东的多于⅔。

自古就有华人侨居国外，唐宋以后居海外者渐多，元末明初形成高潮。1840年鸦片战争以后，国内经济凋敝，尤其是中国东南沿海地区的经济遭到严重破坏，大批广东人出洋谋生，散布在世界各国。

珠江三角洲以开平为中心的四邑侨乡，有大批华侨旅居国外，移居美国的华人大多数来自四邑。东莞市也是珠江三角洲著名的侨乡之一，祖籍东莞的海外华侨达20万人，港澳同胞65万人。

广州是省会所在地，广州的华侨数量最多。据1982年广州市侨务办公室统计，全市及郊县共有华侨、外籍华人48.96万余人。其中市属8县有33.38万余人。华侨分布在世界70多个国家和地区，其中亚洲占 51%，美洲占 33%，澳洲占 6.5%。全市有归国华侨 1.5 万余人，其中居住在市内及郊区的有 10297 人。归侨中 90% 曾侨居东南亚各国，其中印尼归侨占 54%，马来西亚归侨占 21%，泰国和新加坡归侨占 6%，美国、加拿大归侨占 1.2%。

另外，原籍广州市的香港、澳门同胞共 83.79 万余人，他们在广州的亲属有 67.98 万余人。这些港澳同胞中有一部分人曾侨居国外，故他们与华侨、归侨、侨眷联系十分密切[4]。

大量华侨存在，客观上对促进海内外文化交流，起了重要作用。珠江三角洲建筑 20 年的成就，华侨功不可没。岭南第一代建筑师林克明、夏昌世等都曾旅居国外，改革开放后，华侨归国投资，极大地促进了广东经济建设以及建筑业的发展。

本章注释

[1] 司徒尚纪《广东文化地理》："岭南这一地理概念，虽然主要指广东，实际上还包括广西一部分。可是在习惯上，岭南文化与广东文化经常互相混用，没有严格区别，视实际需要而定。"
[2] 周去非．岭外代答．卷四
[3] 彭邦畴．重修梅州试院
[4] 广州年鉴．1983 年

第二章　岭南建筑的先声

珠江三角洲历来为岭南文化的中心，珠江三角洲建筑在20世纪最后20年的迅速发展从建筑学的意义上讲，是岭南几代建筑师在探索新建筑的过程中艰苦努力的结果。20世纪初，建筑学作为一门学科出现在中国，林克明、夏昌世、佘畯南、莫伯治等一代又一代的建筑学人，孜孜不倦地探索岭南新建筑，兴办建筑教育。从20年代到70年代，历经战乱和动乱，他们以岭南人特有的务实精神和叛逆精神，始终不移地坚持探索具有岭南特色的建筑形式，有过"水产馆"的厄运，也有过60~70年代"广派"建筑领导中国建筑潮流的辉煌。前辈的努力，奠定了珠江三角洲建筑在20世纪最后20年空前发展的基础。

第一节　珠江三角洲的建筑学之初

在中国漫长的历史中，建筑技术是通过师徒之间的言传口授而继承下来的。直到1910年以后，逐步有一些在国外学成的建筑师归国，才形成了我国第一代建筑师队伍，到了20世纪二三十年代，中国建筑师的人数有所增长。建筑学作为一门学科才开始在中国形成。

当时正处在第一次世界大战和第二次世界大战之间，世界的建筑潮流正在发生激烈的动荡。大战造成的房荒，建筑功能的发展，科学技术的进步，促使新建筑运动蓬勃兴起，学院派折衷主义的建筑思想正在受到严峻的挑战。

20世纪20年代初，正当中国最初的留学生在国外学习建筑的时候，折衷主义还占据相当的地位，尤其在建筑教育领域，仍然是学院派的一套体系。在折衷主义思想指导下，建筑师把主要精力放在建筑的艺术造型上，往往把古希腊、古罗马、哥特、文艺复兴等建筑形式的各种局部式样摘取出来，拼凑组合在一个建筑物上，形成"集仿"的建筑特征。

随着建筑功能的发展和进步，折衷主义的建筑形式与新建筑功能、结构、施工方法发生了尖锐矛盾。以德国的格罗皮乌斯、密斯·凡·德罗和法国的勒·柯布西耶为代表的现代建筑派对学院派展开了猛烈的抨击。柯布西耶嘲讽学院派的创作，认为它是"格式"，不是建筑学，认为建筑主要是要达到功能的要求。他说"住房是居住的机器"，设计一座建筑就像设计一台机器一样，必须合符机械使用要求，发挥其功能作用。

当时的世界建筑潮流都在中国的第一代建筑师身上打下了深刻的烙印。岭南新建筑的前辈林克明、夏昌世等，正是这个时代留学欧洲的建筑师。

林克明（1900～1998年）1920年赴法国勤工俭学，1926年毕业于法国里昂中法大学建筑工程学院。他深受学院派思想的影响，同时也特别推崇现代建筑宗师勒·柯布西耶的理论和设计创作。1926年冬学成归国。当时国内建筑人才奇缺，建筑教育十分薄弱，没有一所专门培养建筑人才的学校。1932年林克明先生创办了我国南方高等学校第一个建筑系——广东省立襄勤大学建筑系。他参照国外的教育经验，结合本国需要，制定了一系列的教学方针、教学计划和课程设置，聘请留学欧美、日本的专家及学有专长的工程师做该系的教授，初开岭南建筑学教育之先河。1938年襄勤大学建筑系并入国立中山大学工学院建筑系，至40年代末，共有12届毕业生，培养了大批建筑人才。

1932年，林教授在从事建筑教育的同时成立了个人建筑设计事务所，承担了国立中山大学石牌新校舍（现华工、华农）第二期全部工程设计，以及若干学校、电影院、私人别墅的设计。

林教授的建筑思想突出表现在"新而中"的创作理论上，重视发扬本国建筑的优秀传统。

20世纪20年代，林克明先生归国时，国内民族意识普遍高涨，一批年轻的建筑师出于爱国主义和民族自尊心，提出应当发扬我国建筑固有之特色，掀起了探索传统建筑的高潮。"中国固有形式"的创作方法，实质上与西方的折衷主义异曲同工，因此，很能被接受正宗学院派教育的归国建筑师所接受。林克明先生在探索中国传统建筑方面投入了极大的热情。

广州中山纪念堂由著名建筑师吕彦直设计。方案选定后，吕先生不幸去世，由李锦沛先生等继续完成设计任务。1930年林克明受聘担任纪念堂的工程顾问，负责技术审核和现场监理工作。这是一项相当复杂的大型工程，其设计特点是将中国传统建筑手法融汇在当时中国第一个大会堂的设计中。纪念堂跨度很大，能容纳5000名听众。八角形屋顶由钢梁支承在四周的剪力墙上。室内装饰及外观造型采用传统的建筑处理手法,以新材料、新技术体现了中国传统建筑的神韵。这项工作对林先生的建筑创作思想影响很大,引起了林先生对中国传统建筑形式在新建筑中运用的重视,并对此产生了极大的兴趣,以至后来在许多工程设计中,他都不断地进行这方面的探索,在体现岭南建筑的民族性方面做了大量工作。

1931年,在广州市政府合署(现广州市政府大楼,1934年建成)设计竞赛中,林克明先生获方案第一名奖,这是岭南建筑体现民族性的代表作之一。市府合署位于当时广州市规划的中轴线上。从北而南依次为越秀山中山纪念碑、中山纪念堂、市府合署、中央公园、维新路(现起义路)、海珠广场、海珠桥。可供当时六个局联合办公用,内设市长办公及1500人的会议礼堂。大楼内六个局可分可合,各自有独立门户,内部纵横交通极为便利。为了配合中山纪念堂建筑的风格并与周围环境协调,合署大楼借鉴了中国古建筑的形式,在高度、色彩和屋顶形制的处理上,刻意突出中山纪念堂在中轴线上统领全局的地位。中山纪念堂顶高55米,合署大楼则将脊高控制在35米以下。合署的屋顶采用绿色剪边黄琉璃瓦,与纪念堂大片的蓝色琉璃瓦形成强烈对比,使得两组建筑在变化中求得了统一。值得一提的是,原合署方案主体采用的是庑殿重檐这种中国古建筑中屋顶的最高形制,后

图 2-1
华南理工大学建工系

确定的方案却改为低一等级的歇山重檐顶，体现了合署大楼在中轴上的恰当位置，而不是一味地拔高突出。这不仅体现了对中山先生的敬重，也体现了林克明先生一贯主张的建筑与环境协调的原则。

广州市中山图书馆、合署大楼、国立中山大学工学院化学工程系大楼（现华南理工大学建工系，图2-1）等大楼都采用了基本相同的手法：中国式的大屋顶、斗栱、飞檐，严格按照营造法式用钢筋混凝土仿制。墙面用红砖清水墙，窗台窗楣均采用现代建筑的处理方法，不加任何装饰。巨柱贯通外墙，须弥座勾栏仍遵法式，但却用钢筋混凝土代替石材。

中国传统建筑是以木结构为承重体系，各种构件都符合木结构的逻辑性。由于木结构的特性，才有了层层挑出的斗栱，屋檐构造非常复杂。林先生在最初探索中国传统建筑时，尽管对墙体部分按新材料的特性作了大胆的简化和革新，但仍用钢筋混凝土模仿异常繁杂的屋檐，既造成浪费，又增加了施工难度。在对合署大楼等进行总结时，林克明先生意识到"不同的时代背景，社会生产力发展水平亦会随之改变，如果不看具体情况，跟在古人后面亦步亦趋，把木结构的处理手法盲目地搬用，不去充分利用建筑的特性，将无助于建筑形式的创新"[1]。后来林克明事务所在设计中山大学物理系教学楼（现华南农业大学农学院，图2-2）等建筑

图2-2
华南农业大学农学院

时，采用了简化仿木结构的形式，取消了檐下斗栱，而代之以简洁的仿木挑檐构件，既保留了传统建筑稳重恢宏的气势，又简洁大方、省材省料。

在探索传统建筑民族形式如何古为今用的过程中，林克明先生也作了完全摆脱大屋顶的尝试。如襄勤大学师范学院及中山大学学生宿舍都采用新建筑的构图，而通过局部点缀某些中国式的小构件、纹样、线脚等，来取得民族的格调。

通过广州中山图书馆、广州市政府合署以及中山大学石牌校址众多教学楼、生活楼的设计，林克明先生解决了民族形式与新材料、新结构、新工艺取代木结构体系所产生的矛盾，满足了建筑设计在内容与形式上的统一，反映了不同的时代精神。这些民族形式的大型建筑设计，"手法简练、造型典雅、色调明快、与环境配合得宜和富有南方特色，至今仍不失为地方上有一定代表性的优秀范例"[2]。

林克明先生在重视发扬中国建筑优秀传统的同时，致力于向国人介绍西方新建筑，特别是法国建筑大师勒·柯布西耶的现代建筑理论和设计思想。

勒·柯布西耶设计的萨伏伊别墅，形象地图解了他关于新建筑的五个特点：底层独立支柱；屋顶花园；横向长窗；自由的平面；自由的立面。林先生深得柯氏理论之精华，1933年到1937年，林先生设计了许多私人小住宅，都不同程度地体现了新建筑的这些设计原则，特别是1935年林先生为自己设计的广州越秀北路私人住宅与萨伏伊别墅有异曲同工之妙（图2-3）。

图 2-3
广州越秀北路林宅
(引自《中国著名建筑师林克明》)

第二节 岭南现代建筑的诞生和发展

岭南现代建筑诞生的时代背景

20世纪50年代初，中华人民共和国初建，百废待举。国内的基本建设规模相当有限。1953年以后开始了全盘学习苏联的第一个五年计划。全国建筑设计单位学习了以工业建筑设计为主的设计经验，也学习了以"社会主义内容，民族形式"、"社会主义现实主义的创作方法"为代表的设计理论。

1955年6月19日，《人民日报》发表社论《坚决降低非生产性建筑的标准》。社论说，在城市建设方面，要求用节约的精神重新规划，一般不许盖高层建筑，工业建筑不很集中的城市，要尽量利用旧城市、旧建筑，不必进行改建。特别要求大大降低各种非生产性建筑的标准，即：办公室和高等学校的教室每平方米由100元降至45~70元，住宅每平方米由90元左右降至20~60元。

1957年2月12~19日中国建筑学会第二次代表大会在北京召开，就当前建筑师在创作中普遍存在的"执笔踌躇、莫知所从、左右摇摆、路路不通"等苦闷思想进行了讨论。在"百花齐放，百家争鸣"方针的鼓励下，建筑界对创作的许多问题进行了探讨，包括对西方建筑的探讨，但"反右"很快结束了这一刚刚开始的探索分析。1958年建筑界开展了以"快速设计"和"快速施工"为中心的"技术革新"和"技术革命"运动，边设计边施工，甚至直接在工地进行现场设计，工程质量普遍下降。1960年国民经济日渐困难，国家进入三年困难时期，基建规模大幅度减少，"非生产性建设"基本停止，建筑设计单位也进行了精简。

"文化大革命"漫长的10年里，建筑师作为知识分子的一部分成了思想改造的对象。许多设计单位被撤销、打散，珍贵的技术资料和档案被大量破坏。建筑师，尤其是老一辈专家，普遍受到迫害，建筑设计队伍受到严重摧残。《建筑学报》这份中国建筑界最权威的学术刊物，从1954年创刊到1976年，曾因政治运动而三次停刊[3]。

中国现代建筑史在20世纪50年代到70年代这段时间，走过了曲折艰辛的道路，中途虽有少许闪光点（如北京十大建筑），总的发展是滞缓的。这个时期地处岭南的珠江三角洲建筑界，却有一个较为宽松的环境，气氛相对活跃，岭南建筑"领导国内建筑潮流"[4]如紫气祥云闪烁在岭南大地。这期间一大批才华横溢、学识渊博、巧于构思、勇于创新的岭南建筑师脱颖而出，在非常困难的条件下，创作了许多优秀的现代岭南建筑作品，为我国现代建筑的发展建立了不可磨灭的功勋。这时岭南建筑的代表人物主要有夏昌世、佘畯南、莫伯治。

岭南现代建筑的拓荒者

夏昌世，1903年5月生于广州，1928年在德国卡尔斯鲁厄工业大学建筑专业毕业并考取工程师资格。1928～1929年在德国建筑公司任职。1932年在德国蒂宾根大学艺术史研究院获得博士学位，同年夏先生归国。1932～1945年分别在铁道部、交通部、国立艺专、同济大学、中央大学、重庆大学任职任教。1946年回到广东先后在中山大学及华南工学院任教授。1973年移居德国。夏先生是我国第一代建筑师和建筑教育家，是中国建筑学会第二、第三届理事会理事，是公认的"岭南新建筑的拓荒者"[5]。

20世纪50年代初，广州南方大厦附近建起了华南土特产展览大会建筑群，后来称为岭南文物宫即现在的广州文化公园。其中水产展览馆，便是夏先生的代表作。该馆平面布局灵活多变，立面构图活泼明快，细小的圆柱，轻薄的檐口，装饰材料朴实无华。门前设水池，池上架平桥。"架桥渡水入门厅，既表现了水产馆的内涵，又丰富了建筑空间。着墨不多，略施人巧，即成佳构。"[6]水产馆的许多手法为从事岭南新建筑设计的后来者所借鉴。

在那特殊的年代，夏先生的这一佳作也遭到了不公正的对待。《建筑学报》创刊号(1954)上刊发了人民日报读者来信组转来的一封信，批评夏先生和广州其他几位建筑师设计的展馆是"美国式香港式的方匣子"，"像香签一样细的柱子，像蝉翼一样薄的檐口"，是"资本主义国家的臭牡丹"。如今回头看这些可笑而可恶的评论，正可谓"尔朝身与名俱灭，不废江河万古流"。

夏先生在长期的教学和设计实践中，坚持质朴、求实的作风。从50年代初到60年代初，他所设计的鼎湖山教工休养所以及中山医科大学和华南理工大学校园中的多项建筑，以其灵活、明快、简洁、节省、适应岭南亚热带气候等特点，得到了建筑界的认同，其务实的作风、朴素清新的风格被誉为岭南新建筑的先声。

从北方来广东从事建筑设计的建筑师，在作第一个设计时就会发现，广东建筑墙体厚度不是常规的240，而是内墙120墙，外墙及分户墙用180墙。这正是夏先生在1956年潜心研究,极力宣传推广的结果,此举适应岭南气候特点,节约投资,大面积推广后,经济效益非常可观。

夏先生对中国古典园林及岭南庭院建筑、园林亦有深入的研究,20世纪50～60年代初,夏先生主持了岭南庭院的调查研究,足迹遍及粤中、粤东等地传统园林的每一个角落(参加这次调研的有莫伯治先生及当时夏老的研究生何镜堂先生等),并与莫伯治先生合著了《岭南庭院》一书。人们熟知的广东"四大名园"(番禺余荫山房、东莞可园、顺德清晖园和佛山梁园),就是经夏昌世先生和莫伯治先生等人的发掘、总结而家喻户晓的。莫先生回忆道:"回想当年,陋巷探幽,孤灯论艺,对夏公治学精微,丝丝入扣的探索精神和理论见解,深为感佩,亦获益匪浅。"[7]正是受夏昌世先生言传身教的影响,莫伯治——后来的工程院士、设计大师、岭南现代建筑理论的奠基人,在设计思想、设计方法及建筑理论修养方面有了很大提高,"为日后的大发展打下了坚实的基础"[8]。

岭南的现代建筑的发展

20世纪50年代,高大、粗壮、封闭、严格对称、雄伟有余而活泼不足的苏式建筑之风吹遍中国大地,寒带建筑纷纷出现在五岭之南。现代建筑被挂上资本主义的标签,无立锥之地。广州水产馆的一组建筑闪出的一点现代建筑的火星,立即被猛力扣压。学术流派之争变成了政治问题,致使水产馆设计的拓荒者们,把它看成一场恶梦,只想把它彻底从记忆中抹去。

岭南的地缘因素,造就了岭南人性格中的叛逆因子,现代建筑如野火烧不尽的原上之草,从60年代开始又再一次出现在岭南大地。

佘畯南先生正是这个时代岭南新建筑的带头人之一。佘畯南(1915～1998年),广东潮阳人,1915年生于越南,1941年毕业于交通大学唐山工学院。毕业后先后在湖南、唐山、广州、香港从事建筑教育或做执业建筑师。1951年回到大陆。1961年佘先生46岁时担任广州市设计院总建筑师,这是一个转折点,从此,佘先生的建筑创作一发不可收,终于成为岭南新建筑的带头人。1989年佘先生成为第一批建筑设计大师。1997年佘先生83岁高龄时,成为中国工程院院士。

广州友谊剧院[9],由佘畯南先生主持设计,1965年建成,建筑面积6100平方米,含有1609个座位。这只是一个中等规模的剧院,但它却引起了中国建筑界的广泛注意。西北设计院的张锦秋院士、同济大学的戴复东教授等建筑界的同仁都曾到广州参观、考察过友谊剧院。这座南方风格的庭院式新派剧院，受到了普遍的赞誉。杭州剧院、南宁剧院都是遵循友谊剧院的创作思想所建造。吴良镛先生称赞道：友谊剧院"建立在中国困难的经济条件下，充分利用有限的资金，巧妙地利用南方气候的特点，从祖国岭南园林文化遗产中，找到一条新的以'虚'代'实'，室内外空间相结合，体现时代要求的新建筑创作道路"，"意匠独造，极具特色，开风气之先"[10]。戴复东先生则称："友谊剧院在中国剧院的历史上是一件有里程碑性质的作品。"

广州友谊剧院的设计特点归纳起来有如下几点：

1. 现代建筑的风格。友谊剧院强调建筑形式与内容的统一，反对多余的无病呻吟式的装饰，朴素、简洁、清新、明快。正面与南面的大片玻璃窗是构成开朗、明亮大厅的要素，门厅左侧设办公室，为防晒，做了一片实墙，很自然地形成虚实对比，以虚为主，以实为从。大片玻璃窗上暴露柱的结构，打破了大面积虚面的单调，并获得与大片实体的呼应效果，达到了完美的统一。

2. 建筑与园林相结合。友谊剧院采用开敞式的平面布局，利用南方有利的自然条件将室内建筑空间同室外园林空间结合起来，互相渗透、融为一体，时而把楼梯延伸到庭院中去，时而又将园中的植物沿梯而上引到楼上来，构成了富有岭南特点的建筑空间。观众在中场休息期间闲庭信步，不亦乐乎。

3. 研究人，为人服务。这是佘畯南先生一贯的主张，在友谊剧院的设计中处处体现了这个思想。

视线设计时最初按照常规，设计视点取在高于第一排座位地面1.3米处。每排地面升起6厘米，最后一排座位地面与第一排的高差达2.6米。现场放线时，佘先生亲自到现场，发现这个坡度过陡，交通不安全，不舒适，对观众厅内外地面标高的处理也不合适，庭院内步级太多，不方便观众中场休息。经分析发现，当前排观众与后排观众座高相等，或前排观众低于后排观众时，用升高视线坡度的办法可得到较好的解决，但当前排观众高于后排观众时，即使6厘米的地面升起也难以满足观众的要求。这时，后排观众的视线只能从前排两位观众之间的空隙中穿过去。因此，"视线的质量与座位的宽度有关"[11]。于是佘先生修正了设计，加宽了座位的宽度，适当压缩了排距，并按人体工程学原理考虑了座椅的造型，为降低视线坡度创造了条件。将最后一排座位地面与第一排的高差减为2米后，楼座的楼面标高也相应降低，观众厅的净高也由原来的13米变为 11 米，增加了人们的亲切感，提高了音响与面光的质量，收到了一箭多雕的实效。

在观众厅内部装修时，佘先生也对人作了研究。"人们站立时，一般眼睛离地面 1.5 米，仰视 30 度角锥体的部位是视线最易触及的范围。装修的重点就应放在这个部位里。由于眼睛不是长在头顶上，所以在低造价的剧院设计中，过分强调天花的装饰是不适宜的"[12]。因此，友谊剧院内部，天花的装饰非常简洁，材料也极为普通。受这种思想的影响，即使现在广东的室内装饰对天花的处理大多是较为淡薄的。

门厅中的楼梯放在右边还是左边，看似随意，实际上也包含着对人的研究。"人们对右方的反应较对左方的反应为敏感，在走动时向右转较向左转灵活，所以在同一条件下，主梯安排在大厅的右边较左边为好"[13]。

主楼梯相对较高，休息平台在什么位置，也从人体的角度作了仔细的推敲。多一级，使人感到梯台偏高与地面脱节，少一级又觉气势不足，因此将梯台的高度定为六级。同时让第一梯段面对落地式玻璃窗，把观众的注意力引向窗外景物而不感举足艰难。在楼梯的下面设水池置石景，既美化厅堂，又避免观众碰头，这种做法在后来的岭南新建筑中经常被效仿。

4. 主次分明。佘先生认为剧院设计就像一出剧。"一出剧，总有主角和配角，主次要分明，配角为衬托主角而存在，'喧宾夺主'的配角是最坏的配角，因为它严重地破坏了这出剧的整体性。"在观众厅内避免堂皇华丽的装饰，突出舞台的布景、演员的服饰和道具，避免繁琐的装修干扰人们欣赏演出时的注意力。

5. 注重经济效益。剧院土建工程费 80.7 万元，每平方米 125 元，总投资 180 万元，平均每个座位 1119 元，这在当时的同类剧院中造价最低。

友谊剧院平面紧凑，布局合理，充分利用建筑空间，用材上精打细算，一反当时流行的"大气魄、大尺度、大空间"的设计手法，在保证观众厅和舞台面积的基础上，尽可能压缩前厅和后台等次要部分的面积，提高前厅的利用率。前厅既是进入观众厅的序幕，又是中场休息的场地，由于主楼梯安在前厅的一侧，前厅又成了上下交通的枢纽。作此安排比初步方案的建筑面积压缩了 25%，有效地降低了造价。

另一个压缩造价的措施是压缩剧院的体积，由于对人的行为作了深入的研究，降低了视线坡度，同时也就降低了观众厅的层高，因此整个建筑的体积比初步方案降低了30%。

在材料选用上，坚持"高材精用，中材高用，低材广用，废材利用"[14]的原则。精打细算，在观众常到的地方用较好材料，观众不常去的地方用次要材料。在远看的部位采用较差的材料，在人们身边的部位用较好的材料。建筑用材的精细后来成了岭南新建筑的一个特点。

东方宾馆西楼[15]是佘畯南先生在20世纪70年代的又一力作，再次体现了岭南现代建筑的新概念。

建成于1973年的东方宾馆西楼，具有典型的现代建筑风格。底层架空支柱层、带形窗、屋顶花园等都是勒·柯布西耶提出的现代建筑特征。

东方宾馆西楼的最大特点在于，首次将岭南庭院的手法引用到现代高层旅馆建筑之中。西楼位于流花湖畔，"流花"景致尽收客房之中。架空层与庭院融汇贯通，创造了视野宽阔通透的空间环境，有一种虽透仍蔽、妙不可言的气氛。架空层的地面既是室内又是室外，形成所谓"灰色空间"。庭院内一泓清澈的池水，四周草坪起伏，绿树婆娑，单面扶手的三曲石桥蜿蜒于平静的水面，点缀于池畔的黄蜡石朴实浑厚。整个庭院气氛清纯、平静，开朗宜人，情趣盎然，既继承了中国传统园林的精神，又突破了中国传统园林中个人独娱的、封闭的局限，创造出了一种开放的、可敞可蔽、可憩可娱、楚楚动人、内外兼容的空间。

由于创造了良好的户外活动场地，因此客人日间停留在户外的时间多于停留在房内的时间，这样便可压缩房间面积，减少房内家具数量，进而在总面积一定的情况下，增加客房数，节省了投资。东方宾馆西楼与20世纪60年代建成的东楼相比，面积基本相等，造价却是东楼的3/5，而且房间数比旧楼多了70%[16]，其经济效益十分可观。

东方宾馆西楼与庭院相融的支柱层，源于南越人的干栏式建筑，与勒·柯布西耶的新建筑思想异曲同工，并对20世纪80～90年代的珠江三角洲建筑产生了深远的影响，以至于后来广州市规划部门以不计容积率的办法，鼓励开发商架空建筑的底层，增加市民的活动空间。到了90年代，许多大型的住宅小区，都将底层架空与园林融为一体，大大改善了人居环境，提高了生活品质。

20世纪60～70年代就活跃在岭南大地的新建筑带头人除佘畯南先生外，还有一位是莫伯治先生。和佘畯南先生一样，莫伯治先生在当时影响全国的"广派建筑"创作中起了重要的作用。

莫伯治，中国工程院院士，建筑设计大师，1914年生于广东省东莞县，1936年毕业于中山大学工学院土木建筑系，获得学士学位。曾任广州市规划局总工程师，《建筑学报》编辑委员会委员，华南理工大学建筑设计院总建筑师等职。莫伯治先生是一位多产的建筑设计大师。1993年中国建筑学会成立40周年之际，为1953~1992年间创作的70个项目颁发了"建筑创作奖"，其中就有莫伯治先生创作的广州泮溪别墅(1960年)、广州白云山山庄旅舍(1962年)、广州白云山双溪别墅(1963年)、广州矿泉别墅(1974年)、广州白云宾馆(1976年)以及和佘畯南先生合作的广州白天鹅宾馆(1985年)、与何镜堂先生合作的广州南越王墓博物馆(1991年)等7个项目，占获奖总数的1/10，成为当时全国获奖最多的建筑师。直到20世纪90年代后期，莫老的创作热情仍十分高涨，红线女纪念馆的流畅亲切、广州地铁控制中心的解构主义风格令人过目不忘。

1968年建成的广州宾馆[17]（图2-4），由莫伯治主持设计(设计者还有吴威亮、莫俊英、林兆璋)。当时广州是我国对外贸易的窗口，每年都要举行春秋两届进出口商品交易会。1958年由林克明先生设计的中国进出口商品展览馆位于珠海广场起义路口西端，广州宾馆位于起义路口的东端，主要用于接待参加广交会的各国来宾。该宾馆总建筑面

图2-4
广州宾馆

积32000平方米，客房总数451间。主楼27层，时为全国最高建筑，也是新中国成立后广州市的第一座高层建筑。宾馆采用板式高层与裙房组合的构成体系，客房集中在高层建筑内，大跨度的餐厅、礼堂等设在裙房内，以不同的结构体系满足不同的功能要求。这种裙房和高层符合逻辑的组合，曾对国内现代建筑产生了深远的影响，各地竞相效仿，一时成为一种流行的高层建筑构成形式。

白云宾馆[18]（图2-5），1976年建成，由莫伯治先生主持设计（设计者还有吴威亮、林兆璋、陈伟廉、李慧仁、蔡德道），总建筑面积58601平方米，主楼33层，总高114.05米，建成后取代27层的广州宾馆成为当时全国的最高建筑。同广州宾馆一样，白云宾馆主楼仍采用带型窗为主的立面构图，在外墙逐层挑出悬板，形成横向线条的重复韵律，现代建筑的特色得到强调，同时使外墙的维修、清洁、防雨和遮阳等问题都得到了简易的解决。空间构成也是裙房与高层板式的组合方式。

图2-5 a. 白云宾馆

图2-5 b. 白云宾馆前的小山

图 2-6
中国出口商品交易会

白云宾馆的主要特点在于高层建筑与庭园环境的巧妙结合。宾馆南临繁华的环市东路,前庭宽阔,正厅正对一座刻意留下来的小山,山上古木参天,筑堑塑壁,曲径通幽。山下开池引泉,宾馆餐厅向南悬挑,履越池面。餐厅与主楼间为中庭,庭内三株阔叶榕古老而苍翠,层层叠石,潺潺流水,充满林泉石趣。由中庭经大厅转至后院又见古木叠石,虽组景简单,却别有洞天。一座典型的现代化高层宾馆与中国园林融为一体,相辅相承,平添了大自然的勃勃生机。这种设计手法和从中体现的设计思想,对改革开放后的珠江三角洲建筑产生了深远的影响,成为岭南新建筑的主要特点之一。

广州自1957年起,一年春秋两次举行中国出口商品交易会。改革开放前广交会作为一个窗口,保持着与国外的经济交流。70年代广交会由海珠广场迁至现在的位置,由广州市建筑设计院在原中苏友好大厦(林克明设计,建于1955年)的基础上进行改建,改建后的广交会屹立在宽阔的广场上,大片的玻璃幕墙光彩夺目,令国人神往(图2-6)。现代建筑创史人之一,密斯·凡德罗利用钢和玻璃构筑大厦的思想,在这里得到了体现。这是国内最早的玻璃幕墙之一。

起源于20世纪20年代的现代主义建筑,经过近半个世纪,才在中国大地上扎下根。50至60年代,就全国而言建筑界长期与世界建筑脱节，建筑创作思想处于一种封闭、停滞、僵化的状态，虽工程量巨大，但千篇一律，单调乏味。60～70年代出现在广东的现代建筑运动，领导了当时建筑的新潮流。广州率先打破了国内建筑创作的沉寂，把国外先进的设计思想和建筑技术引进来。高层宾馆、玻璃幕墙、花园别墅……这些如今已见惯不惊的东西，在当时却如旭日东升，鲜艳夺目。广州新建筑令国人耳目一新，来穗参观的各地人士络绎不绝，对全国掀起现代建筑运动产生了深远的影响。

岭南新庭院建筑的典例

中国人对自然有特殊的崇拜之情，从唐诗宋词对自然的描述、水墨丹青的山水画以及老庄的哲学思想中都可以看到这一点。中国的造园术更是以摹写自然山水为能事，将自然山水引入城市和庭院，刻意追求"结庐在人境，而无车马喧"的意境。岭南新园林坚持了中国传统造园术中的写实传统，特有的塑石、塑山工艺以假乱真，在结构上和造型上有较大的自由度，其艺术效果"虽由人作，宛自天开"，使人回到"真山真水"的自然怀抱。岭南新园林把中国造园特有的艺术和技术从宫庭和私家园林中移入到现代酒家、宾馆和各种公共建筑之中，空间处理上尽可能扩大建筑与自然的接触面，使建筑空间与园林空间互相渗透，室外绿化与室内绿化交相辉映，室内外空间互为依托，有如阴阳互补的空间构成。结合现代建筑许多新的形体空间、新材料和新技术，创造了许多新园林艺术语言，如传统园林所没有的中庭式大空间内造园，大流量的瀑布喷泉，中式屋顶花园，贵宾套间的室内小空间造园，中式花园别墅，自由平面的庭院造园，天井绿化，楼梯旁、走廊边、阶前、墙头等随处可见的水石花木小景以及精湛的塑山、塑石、塑木、瓷塑工艺的运用等。

以广州为代表的岭南新园林，是在继承中国园林传统的基础上与现代主义建筑相结合的园林新流派，岭南新园林揭开了中国园林艺术的新篇章。

北园酒家，坐落在广州小北登峰路，与越秀公园为邻，1958年建成。是莫伯治先生较早期的作品，当时成为梁思成先生最为赏识的广州建筑设计[19]，这一点曾给时年44岁的莫伯治先生以极大的鼓励。北园酒家的主要特点是吸收了岭南传统园林的手法，改造利用散落在民间的工艺建筑旧料，保持了中国庭院建筑装饰精美的特点，流露出丰富的地方色彩。设计期间莫伯治先生和设计小组的成员先后十次到乡下收集传统建筑的废料，运回广州加工整理。例如将废旧红木家具上拆下来的博古、草尾等纹样花边作楼梯和栏杆的扶手，将旧椅扶手用作吴王靠栏杆。这些红木旧料刻工精美，价格低廉，经加工打磨，依然光彩亮丽。旧料中极富粤中地方特色的套色玻璃蚀刻被用来做门窗的构件。旧的磨光青石被镶贴在大门外面。酒家内所有的门洞、开口厅都采用旧料木制飞罩、落地罩、花罩等等，花钱不多却保持了浓郁的地方特色。

泮溪酒家，坐落在广州荔湾湖畔，1960年建成，莫伯治先生设计。莫伯治先生在《广州建筑与庭院》[20]一文中说："中国古典庭院的体型，以轻巧为主，在建筑处理上，极力避免将各种功能的厅、堂、房、室等组织在同一幢建筑内，而是分散的布置，形成一幢幢不同体型，不同格调的独立建筑，如厅堂、台、榭、斋、馆等，并以游廊连接这些独立的建筑，组成大小庭院。这是中国古典庭园建筑的传统特色之一。"泮溪酒家正是继承了这一传统，特别在小岛餐厅扩建中，把大小餐厅和厨房化整为零，从荔湾湖各个角度看去，都有建筑融入环境而不是压倒环境的感觉。小餐厅和散座仿中国古典园林建筑中舫的格调，做成狭长的体型；把门厅首层标高降低到与水面平，比内庭低半层，使二层餐厅看上去没有二层楼的感觉，同时巧妙地利用支柱层并借景荔湾湖，有效地避免了笨重的体量，表现了人对自然的谦让。整个建筑群，疏朗平远，浮于水面，隐入林中，体型的把握是相当成功的。

北园酒家和泮溪酒家都是把园林引入酒家成功的典例。食在广州，广州人亲朋聚会、洽谈生意都在酒家中进行。早茶、饭市、晚茶、宵夜，酒家总是门庭若市。园林引入酒家，迎合了岭南人亲水喜绿的习惯，提高了居民的生活品质。这种做法对珠江三角洲地区的酒家建筑产生了深远的影响。

白云山山庄旅舍，建成于1962年，是莫伯治和吴威亮先生的作品。该山庄建立在广州白云山上，地处山林泉石之间。原址是一所山祠遗迹，地形起伏变化，宽窄不一。建筑群随溪谷布置，呈台阶状，空间组合错落有致，回廊周布，空谷藏轩。庭院以水景为主，可谓水庭。水庭形成了建筑群内部空间的中心，三叠泉从室外流入室内，"水形、泉声、砖迹、绿意溶为一片"[21]，首创了山庄建筑与园林结合，融入自然环境的山地造园之法。

山庄采用现代建筑的风格，造形完全尊重现代材料的特性，决无矫揉造作。钢筋混凝土小圆柱，平顶薄檐，简朴的游廊和敞厅，与夏昌世先生设计的水产馆一脉相承。山庄的现代风格，朴实无华，却与自然融为一体，充满生活情趣，曾被周恩来、陈毅等国家领导人选作接待外国首脑的场所。

广州矿泉别墅，建于1974年，由莫伯治、陈伟廉、李慧仁、林兆璋等设计。华南理工大学的叶荣贵教授认为白云山庄别墅是山地造园的典例，而广州矿泉别墅则为平地造园的佳作。矿泉别墅在"空间的抑扬和小中见大的造园手法，多功能支柱层空间的应用，室内外庭园的穿插，平地塑造溪涧水局的技巧，主题性庭园的塑造，水泥饰面构件的文化表现，朴实清新的格调等诸方面，均取得了突出的成绩，为我国新的庭园建筑创作又增添了新的一页"[22]。特别值得一提的是矿泉别墅底层敞厅内构思巧妙的悬挑飞梯，轻盈地伸向室外水面复而折回室内，体现了建筑与庭院的顾盼之情。这种"飞梯"曾令全国各地的建筑师拍案称奇，各地竞相效仿。

1896年问世的《世界建筑史》（*A History of Architecture*）第19版（1987年），载入了广州矿泉别墅的资料，认为该别墅是将中国传统园林景观与建筑艺术有机结合的典范。"它将喷泉的浅浅水塘置于3～4层的客房之间，成为院落花园的风景焦点。这个水塘延伸到南翼的地面上，形成供人消遣的内部空间。在此内外空间的处理上，水池和开敞的空间以平板桥、之字形走廊和悬挂楼梯划分着，精心布置的山石、小溪、树木，创造出完整的内外空间相互渗透的效果。"[23]1981年矿泉别墅获全国优秀建筑设计一等奖。

无论是白云山庄旅舍还是矿泉别墅，都是在现代主义的建筑与中国庭院有机结合方面进行了具有深刻意义的探索，其成果对改革开放后到20世纪末珠江三角洲的建筑产生了很大的影响，是岭南新建筑结合当地气候特点突出地方特色的范例。

岭南现代建筑崭露头角的客观条件

20世纪初顺应现代化工业技术、经济和文化观念的发展产生了现代建筑理论。20～30年代，我国曾有建筑师试图把现代建筑的风格引进中国，但由于连年战乱，现代建筑未能形成气候。后来现代建筑理论又被视为资产阶级的文化意识而受到严厉的批判。其后果，是早已遍及全世界的现代主义建筑在中国大地上姗姗来迟。但是在万马齐喑的形势下，却有一枝独秀的清香，50～70年代，岭南现代建筑崭露头角，独树一帜，在中国现代建筑运动中起到了先知先觉和开路先锋的作用。广州友谊剧院、广州东方宾馆、广州宾馆、广州白云宾馆、广交会以及各种现代风格的山庄客舍令南下参观取经的建筑界同仁耳目为之一新，如在沉闷的空气中忽然吹来一股清风。

广东远离国家政治中心，正所谓"山高皇帝远"，受到极左思潮影响的建筑界的所谓正统观念对其影响甚少。相反，由于地理上邻港澳，和发达国家相对较近，受新的建筑思潮影响较大。此乃以广州为代表的岭南新建筑得以发展的客观条件之一。

改革开放之前，广州就是对外联系的窗口，从1957年开始一年二次的广交会成了与国外进行外贸活动的重要机会。广交会的要求对广州城市发展起了很大的作用，甚至使城市商贸重心发生偏移。20世纪50～60年代广交会在海珠广场举行，为满足广交会接待外国来宾的要求而建的27层广州宾馆，成为当时全国的最高建筑。围绕着广交会和广州宾馆，周边的城市建设得到了较大的发展，使以北京路为中心的传统城市商业重心产生了偏移。70年代，为扩大对外贸易的需要，广交会搬到现在的位置。为满足广交会客户的要求，又在环市东路兴建了33层的白云宾馆，该宾馆独占鳌头成为当时全国最高建筑。随着新广交会周围东方宾馆新楼、中国大酒店等建筑的建成，广州的商贸中心再次发生偏移。

在研究岭南新建筑之所以能突破重重桎梏、崭露头角的时候，必须提到一个人物，他就是佘畯南先生谓之为"岭南建筑的巨人"的林西。林西从20世纪50年代到70年代，一直担任广州市的副市长与市委书记，分管城市建设，对岭南新建筑的发展起到了保护伞的作用。林西非常赞赏勒·柯布西耶的现代建筑观点，特别对屋顶花园和首层架空的构思很感兴趣。1971年佘畯南先生在东方宾馆西楼的设计中采用了现代建筑的手法。首层架空，形成通透的空间，与园中水池、石景融为一体，屋顶利用南方气候湿润、植物繁茂的特点作花园。当时这个方案受到众多的非议，有人说浪费面积，是封资修建筑死灰复燃，还有的说架空层院内的水池是为资产阶级的小桥流水作伏笔。林西副市长挺身而出，力排众议，辩解说水池可作消防之用，这才使东方宾馆新楼的构思得以实施。

早在20世纪50年代，笨重的苏式建筑之风吹遍华夏大地的时候，林西就针对广州的建设，提出了"轻巧通透"的建设思想。他认为建筑必须因地制宜，气候炎热使南方人喜爱幽静的环境、冷淡的色调、清凉的食品、"雨打芭蕉"的粤曲。因此，轻巧通透是南方建筑的要素。他还认为南方建筑必须利用园林绿化的优势，把建筑和园林绿化融为一体。他十分喜欢赖特的草原别墅和有机建筑的理论。对佘畯南先生主持设计、叶国豪园林工程师负责施工的白云山黄婆洞别墅大加赞赏。这是由日寇留下的旧弹药库改造而成的别墅,改造后的别墅,临水面的露台地面是用混凝土仿制的木枋,室内外的墙体均为毛石砌筑不作批档,山泉穿过客厅流入湖泊,部分屋顶不作天花,裸露木屋架,室内外空间相互流通,很有山居别墅的雅韵。

林西为人正派,爱护专家学者,主动承担责任,鼓励设计人员大胆创新,独立思考,反对"但求无过"的消极情绪。他曾与佘畯南先生利用出差的机会去看苏州园林,蹲在人行道上以面包做午餐,感人至深。佘畯南先生常说:"作为岭南设计人员真有福,有爱人才爱建筑艺术的领导,才有今天的岭南建筑。"佘先生还说:"从白云山之巅至珠江之滨,没有一件好作品不渗透林西大师的构思……在老师之前,谁敢默认自己是岭南建筑的带头人。"[24] 岁月的流逝不能磨灭前人的贡献,林西为岭南新建筑作出的贡献应载入史册。

本章注释

[1] 林克明. 建筑教育、建筑创作实践六十二年. 见:中国著名建筑师林克明. 科学普及出版社,1991

[2] 林汝俭. 中国著名建筑师林克明·前言

[3] 20世纪50~70年代建筑领域发生的主要事件资料引自:龚德顺,邹德侬,窦以德. 中国现代建筑历史(1949~1984)的分期及其他. 见:建筑学报,1985(10)

[4] 顾孟潮. 莫伯治与《莫伯治集》. 建筑学报,1995(2)

[5] 莫伯治. 园林述要·序,1995

[6] 同注5

[7] 同注5

[8] 同注5

[9] 广州友谊剧院资料引自《佘畯南集》。

[10] 吴良镛. 大师风范,气含秋水. 见:佘畯南集

[11] 佘畯南. 低造价能否做出高质量的设计. 见:佘畯南集

[12] 同注11

[13] 同注11

[14] 同注11

[15] 广州东方宾馆资料引自《佘畯南集》和实地调研。

[16] 佘畯南. 解放思想,努力创新(1980年全国建工局长会议上的发言)
[17] 广州宾馆资料引自《莫伯治集》和实地调研。
[18] 广州白云宾馆资料引自《莫伯治集》和实地调研。
[19] 林兆璋. 岭南建筑新风格的探索. 见:建筑学报,1990(10)
[20] 该文发表在《建筑学报》1977年第三期,系一次座谈会的纪要,由莫伯治、吴威亮、蔡德道整理。
[21] 戴复东. 园·筑情浓,植·水意切. 见:莫伯治集
[22] 叶荣贵. 岭南建筑创作的带头人. 见:莫伯治集
[23] 顾孟潮. 建筑,1988(8)
[24] 佘畯南. 林西——岭南建筑的巨人. 见:佘畯南集

第三章　吸纳世界建筑理论

　　珠江三角洲的建筑不是在真空中发展，它必然受到世界建筑潮流的影响，它是世界建筑发展过程中的一个部分。因此，研究珠江三角洲的建筑，必须将其放在世界建筑发展进程中去进行剖析。首先要对现代建筑理论创立后近一百年来世界建筑理论的演进有一个概略分析。

　　站在新世纪回眸20世纪世界建筑潮流，可见其发展速度之快，在几千年世界建筑历史上史无前例。清华大学吴焕加教授把这一百年的建筑发展概括为："技术大跃进，功能大提高，观念大转变，设计大进步，艺术大创新。"[1]

　　由于历史的原因，世界建筑的潮流总是以欧洲和北美等西方国家建筑为主体，新的建筑理论往往首先在西方国家形成并发展，后来才逐步引起世界其余地区建筑的演变。

　　半个世纪的战乱，30年的闭关锁国，使中国的建筑界长期与世界建筑的潮流脱节。1978年中国实行改革开放的政策，国门顿开，发展了半个多世纪的现代世界建筑理论和各种建筑流派在20世纪的最后20年如潮水般涌入珠江三角洲。于是珠江三角洲的建筑五彩缤纷，百花齐放，浓缩地再现了世界建筑百年的各种建筑风格。当今世界的建筑理论对珠江三角洲的建筑产生了深刻的影响。

第一节　20世纪西方建筑理论的演进

现代建筑的兴起

　　20世纪20年代到30年代，恰好处在两次世界大战之间，西方世界有一个相对繁荣的时期。这个时期，西方建筑界出现了具有历史意义的转变，复古主义和折衷主义的学院派建筑思想受到猛烈抨击，现代建筑理论适应当时特定的社会及经济环境应运而生，从此改变了世界建筑的面貌。

1914年开始到1918年结束的第一次世界大战,历时4年,卷入了30多个国家,约7千万人口,战死战伤了千万之众。此外,还有大量的平民死于战火,欧洲大多数地区遭到严重破坏,许多城镇被彻底毁灭,大量建筑被破坏。大战结束后,欧洲各国都面临着严重的经济危机和住房短缺。这促使当时建筑师中具有创新意识的人物面对现实,注重经济和实用。复古主义及折衷主义的建筑思想失去了经济基础。

战争结束,先进的军工技术转入民用,使科学技术有了很大的发展。建筑科学方面,新材料新技术有了与以往大不相同的特点,钢结构随着钢材的质量提高自重减轻,焊接技术得到发展,出现了全部焊接的高层钢结构建筑。钢筋混凝土结构由于力学在超静定理论方面的突破而得到了更广泛的应用。同时,建筑材料、建筑设备和建筑施工技术都有了过去从未有过的发展。1931年建成的102层的帝国大厦,采用钢结构,楼内装有67部电梯,19个月建成,平均每五天一层楼。大楼建成后,由于自重巨大,钢结构本身压缩了15～18厘米,在大风中,楼房最大摇动达7.6厘米。帝国大厦综合表现了当时建筑科学技术的水平。

汽车和航空交通的迅速发展,无线电和电影的普及,科学研究、教育、体育、医疗、出版事业的发展,产生了许多新的建筑类型。

但战后初期,由于没有新的建筑理论,古典主义和折衷主义的建筑还十分流行,往往在钢结构或钢筋混凝土结构的各种新类型的建筑外面包上一个古典的外壳。现代建筑的功能被古典建筑的式样所抑制,内容和形式发生了深刻的矛盾,新的能反映时代要求的建筑理论,呼之欲出。

1919年,德国建筑师格罗皮乌斯在德国建立了国立魏玛建筑学校,简称包豪斯(Bauhaus)。与保守的学院派教学方法不同,包豪斯采用了一种崭新的教育制度和教学方法。当时欧洲社会剧烈动荡,艺术界的新潮流层出不穷,如立体主义、表现主义、超现实主义,等等,一些最激进的画家和雕塑家应邀到包豪斯任教,他们把最新奇的艺术观点带到包豪斯。在这些思想的影响下,包豪斯的学生在设计建筑时,不讲究多余的装饰,而注重体现结构自身的美学价值和材料的质地与色泽,并打破古典的对称构图的陈规,多采用不对称的构图手法,由此形成了包豪斯的建筑风格:"注重满足实用要求;发挥新材料及新结构的技术性能和美学性能;造型整齐简洁,构图灵活多样。"[2]包豪斯的建筑风格集中体现在1926年由格罗皮乌斯设计建成的包豪斯校舍上。该校舍的建筑设计有三大特点。第一，把建筑的使用功能作为设计的出发点，这与学院派先确立外观、由外向内设计的方式正好相反；强调功能的决定性作用，体现了由内向外的设计思想和设计方法。第二，采用灵活多样的构图手法，不规则，不对称，建筑给人的印象不在于它的各个立面，而是它高低错落、对比强烈、变化丰富的总体效果；对比成了设计的重要手段，高与低、长与短、虚与实、透明与不透明、轻薄与厚重、粗糙与光洁的对比，加上自由的空间格局，形成了生动活泼的建筑形象。第三，强调结构和材料自身的美学特点，反对无病呻吟式的附加装饰。包豪斯校舍没有雕刻、柱廊、花纹、线脚，甚至没有檐口，只在女儿墙顶作一道深色的边作为结束，与浓妆艳抹的古典建筑相比，包豪斯校舍显得非常朴素；不同形状的几何形体穿插碰撞，质感、色彩的强烈对比，新材料和新结构符合逻辑地融为一体，并在外观上得到充分体现，造成了一种全新的视觉效果。正是以上三个特点使包豪斯学校成了现代建筑史上的重要里程碑。

格罗皮乌斯，作为公认的现代化建筑的创始人之一，其建筑理论可概括为以下三点。第一，强调建筑的时代性，他认为设计要不断地发展，要随着生活的变化而改变表现方式。在工业化时代，注意建筑师与大工业的协调，主张建立用工业的方法建造住房的机构。《工业社会中的建筑师》一文充分体现了他的"时代性"的观点。第二，反对复古，他说，我们不能再无休止地一次又一次复古，建筑学必须前进，否则就会枯死；建筑没有终极，只有不断的变革。美的观念随着思想和技术的进步而改变，世界上不存在"永恒的美"。第三，注重功能和经济。他认为：艺术的作品永远同时是一个技术上的成功。他设计的阿尔弗来德法古斯工厂和包豪斯校舍都充分体现了功能第一、讲求经济效益的观点。这也是现代建筑的基本观点。

法国建筑师勒·柯布西耶是现代建筑的另一位创始人。1923年，勒·柯布西耶发表著名的《走向新建筑》一书，激烈地批评了因循守旧的复古主义和折衷主义的建筑思想，强烈要求创造体现时代精神的新建筑。《走向新建筑》体现了勒·柯布西耶的三个主要的建筑思想。首先，他大声疾呼要创造新时代的新建筑，他推崇机器时代机器制造的合理性与经济性，他说："机器产品有自己的经过试验而确立的标准，它们不受习惯势力和旧样式的束缚，一切都建立在合理地分析问题和解决问题的基础上,因而是经济的和有效的。"从机器产品中可以看到"我们的时代正在每天决定着自己的样式"。他认为建筑师应该向工程师学习,创造新的建筑理论,赶上时代的步伐,正是在这个意义上,他提出了著名的口号,"住房是居住的机器"。第二,勒·柯布西耶和德国的格罗皮乌斯一样,认为设计的方法应该是由内向外,而不是相反。他说:"现代生活要求并等待着房屋和城市有一种新的平面",而"平面是由内到外开始的,外部是内部的结果"。在建筑的外观设计中,他赞赏简单的几何形体,认为这些形体简洁、清晰,因此是美的。第三,勒·柯布西耶在强调简洁外观、灵活平面的同时,也强调建筑的艺术性,认为建筑师应同时是艺术家。简单形体的空间组合要有条理,有内涵,并符合形式美的基本原则。从上述观点可见勒·柯布西耶既是一个理性主义的建筑师,又是一个浪漫主义的艺术家。他的代表作萨伏伊别墅和郎香教堂分别充分体现了这两种倾向。

萨伏伊别墅,1930 年建成,由于结构体系由承重墙转换为框架结构,因此萨伏伊别墅呈现出与以往的住宅大不相同的特征。这些特征正体现了勒·柯布西耶抓住新结构体系的特点、刻意创新的品质。勒·柯布西耶认为萨伏伊别墅体现出来的五大特点,正是现代建筑最显著的特征:1. 底层架空;2. 屋顶花园;3. 带形窗;4. 自由平面;5. 自由立面。这五大特征对后来世界建筑的模式影响非常广阔,也与珠江三角洲的一些地方建筑特征不谋而合。因此这种理论进入中国是从珠江三角洲开始的。

德国另一位著名建筑师,密斯·凡德罗也是欧洲大陆现代建筑的旗手。密斯以竭力提倡使用新材料玻璃幕和钢框架而著称。早在 1919 年到 1921 年间,他就提出了玻璃摩天大楼的构想,直到 20 世纪 40 年代末,密斯的理想才在美国得以实现,从此刮起"密斯风",影响波及全世界。

1958 年密斯设计的西格拉姆大厦,高 38 层 158 米,简洁的立方体外观,只在顶部设备层有所变化,外墙用钢框及大片粉红色的玻璃幕墙。古老而色泽温暖的金属材料,与现代冰清玉洁的玻璃材料构成矛盾的统一体,使西格拉姆大厦如鹤立鸡群,格调高雅。西格拉姆大厦是"密斯风格"的代表作。

密斯长期探索钢框架和玻璃这两种现代手段在建筑设计中应用的可能性,尤其注意发挥这两种材料在建筑艺术造型中的特性和表现力。光洁的玻璃幕正体现了密斯在建筑立面处理时强调的"少就是多"的观点,这与传统的学院派观点截然相反。

1928年底,来自12个国家的具有创新思想的42名建筑师在瑞士成立了名为国际现代建筑会议(简称 C. I. A. M)的国际组织,标志着现代建筑学派正式形成。综观现代建筑的理论有如下几个特点:

"(1)强调建筑随时代而发展变化,现代建筑要与工业社会的条件与需要相适应。

(2)号召建筑师重视建筑物的实用功能,关心有关社会和经济问题。

(3)主张在建筑设计和建筑艺术创作中发挥现代材料、结构和新技术的特质。

(4)主张坚决抛开历史上的建筑风格和样式的束缚,按照今日的建筑逻辑,灵活地进行创造性的设计与创作。

(5)主张建筑师借鉴现代造型艺术和技术美学的成就,创造工业时代的建筑新风格。"[3]

在现代建筑的代表人物中,还有一位很有特点的建筑师,他就是美国20世纪最重要的建筑师赖特。赖特生前对勒·柯布西耶等人的理论持有不同看法,尤其对密斯的玻璃盒子式的建筑不屑一顾。但他不因循守旧的创作理论在本质上与产生于欧洲大陆的现代建筑理论异曲同工。因此,后人仍把赖特视为现代建筑的创始人之一。后人与当事人在理念上的这种区别,最有趣地表现在1992年纽约古根汉姆美术馆的改造上,曲线流畅、形体丰富的老美术馆背衬简洁明亮具有典型"密斯风格"的新馆。赖特在天之灵对此安排也许会暴跳如雷,但后人认为赖特的理论和密斯等其他三位现代建筑创始人的理论是没有矛盾的,事实上,古根汉姆美术馆的扩建工程已成了新旧建筑互相协调的一个范例。

赖特的理论可概括为"有机建筑",他说:房屋应是地面上的一个基本的和谐的要素,从属于自然,就像从地里长出来一样,迎着太阳。他特别强调建筑与自然相结合。赖特的这种理论源于他从小在威斯康星州的山谷中长大,自幼对土地、对农业、对自然怀有深厚的感情。他提出的"广亩城市"的设想,是希望每一个美国城市的公民,不论男女老幼,都有一亩地用来耕作。尽管这个设想与工业高度发达的美国社会的现实脱节而难以实现,但可看出赖特对大自然深切的怀念。

1936年建成的流水别墅,是赖特为银行家考夫曼设计的度假地,被学术界称为20世纪建筑艺术中第一流的创作而名垂千古。流水别墅在美国宾夕法尼亚州匹茨堡市郊的一片丛林中，它轻盈地履越在瀑布流水之上，四面挑出的平台与自然环境互相交错，互相渗透，水乳相融。在这里人工的建筑与自然的景色互相衬映，相得益彰，并似乎汇成一体了。

从草原式住宅，流水别墅到"西塔里埃森"，都多方面地反映了赖特追求建筑与自然相协调的田园诗般的创作理论。遗憾的是这一理论并未在高度发达的工业社会受到应有的重视，除古根汉姆美术馆外，美国的城市里很少有赖特的作品。因此，可以说，赖特的知音在珠江三角洲。珠江三角洲的自然环境是气候炎热、植物繁茂，亲水喜绿成了这里的一大生活特征。无论是庭院小筑还是高楼大厦，人们都试图将建筑融入自然。广州白天鹅的故乡水，广州白云宾馆的古榕、小山，广州翠湖山庄的"万象翠园"，都表现出珠江三角洲的建筑与赖特的思想息息相通。

现代建筑的多元共生

第二次世界大战后的20世纪50～60年代，现代建筑兴旺发达，各种以现代建筑为基础的流派与思想不断涌现，现代建筑呈现出多元共生、多样发展的趋势。

以欧洲现代建筑大师格罗皮乌斯和勒·柯布西耶所代表的理性主义在这个时期得到了进一步的充实与提高。理性主义是现代建筑中最普及的一种思潮，因为它讲究功能决定形式，而有"功能主义"之称，又因它无论在何处，都是方盒子、平屋顶、横向窗，又被称为"国际式"。理性主义在现代建筑创立之初，别开生面，功不可没。但它在反对形式主义、反对复古主义的时候矫枉过正，使建筑少了个性，形式雷同，对建筑艺术性有所忽视。"二战"后这些缺陷得到了一定程度的修正，形成了一种充实提高理性主义的建筑思潮，这种思潮在讲究功能与技术合理的同时，注意了环境及建筑的艺术性。

格罗皮乌斯为国际住宅展览会设计的公寓，平面呈弧形，立面上各层阳台错位有变化，无论是平面形式，还是立面处理都不是功能的直接需要，而是在满足功能的前提下更多地考虑建筑艺术的需求。这一个典型最好地说明，即使是理性主义的创始人，也在试图弥补"理性主义"的某些缺陷，对其进行充实与提高，其他各地的建筑师在这方面的探索与努力自不待言。

"密斯风格"在20世纪50年代的设计倾向中占了主导地位，密斯·凡德罗也因此成为"二战"后10年间建筑界最显赫的人物。

第二次世界大战后，美国成了世界上的头号强国，技术先进，实力雄厚，商用高层甚至超高层建筑风靡全国。高层建筑随着美国保守的社会文化心理的消退，逐渐剥去了厚重而无实际意义的古装，接受了密斯倡导的钢结构、玻璃外墙的设计思想，刮起了一股"密斯风"。1953年兴建的联合国总部秘书处大楼，两个大面全是玻璃，建筑形象与传统绝缘。1952年建成的利华大厦更是四面全是玻璃幕墙。由此开始，美国的大财团、大银行和大公司一个接一个大造形体简洁的玻璃幕建筑，使各大城市的景观焕然一新。"密斯风格的高层商用建筑形象同前工业社会在手工艺基础上产生的传统建筑艺术范式形成鲜明的对比，它们是工业文明的产物，是工业化胜利的标志，是现代社会达到鼎盛时期的建筑艺术符号。"[4]

"粗野主义"是20世纪50年代下半期到60年代中期喧噪一时的建筑设计倾向。其特点是把表面毛糙的混凝土，不加修饰地暴露在外，或者使用一些沉重的构件进行粗鲁的组合。勒·柯布西耶的马赛公寓和印度昌迪加尔行政中心都是"粗野主义"的典型例子。它们的外墙均采用不加修饰的混凝土，表面甚至可见木模和水的痕迹。英国莱斯特大学工程馆，则是将一些粗重的块体组合在一起，形成粗野主义的风格。"粗野主义"是战后经济拮据的条件下，试图从不修边幅的钢筋混凝土等材料的毛糙、沉重与粗野感中去寻求形式上的出路。"粗野主义"在欧洲比较流行，在日本也相当活跃，60年代后逐渐消失，但"粗野主义"的造型手法在特定条件下仍有积极的意义。

"新古典主义"是美国的约翰逊、斯东和雅马萨其等第二代建筑师们试图弥补现代建筑历史的弊端，将现代建筑与古典建筑进行融合的一种尝试。古罗马、古希腊的建筑都是权力和财力的象征，将其主要的符号采用新材料、新手法融入现代建筑后，有利于产生能使人联想到业主的权力与财富的雄伟感。因此，当时美国的许多银行、官方建筑、大企业和大公司都喜欢采用这种形式。

1973年建成的世界贸易中心，时为世界第一高楼，由日裔美国人雅马萨其设计，其底层做成哥特式的尖券，但这种尖券决不矫揉造作，完全符合结构的逻辑性。

"新古典主义"建筑风格，由于最能体现业主的财富与成功，因而对珠江三角洲的建筑影响最深，珠江三角建筑中，经久不衰的"欧陆风"与"新古典主义"一脉相承。

"高技派"是一种推崇新技术，而且在美学上鼓吹表现新技术的建筑倾向。这种倾向始于 20 世纪 50 年代末，至今仍有较大影响。随着后工业时代的到来，高科技层出不穷，"高技派"的建筑倾向会有更大的发展空间。20 世纪 50 年代末，西方各工业国的经济生产进入非常繁荣的时期，科学技术蓬勃发展。先进的科学技术一经在生产上应用就会迅速带动生产的发展成了这个时期的显著特征。建筑中的"高技派"就在这样的社会背景下应运而生。"高技派"主张用最新的材料，如高强钢、铝合金、塑料等制品来建造能够快速、灵活地装配、拆卸与改建的建筑。巴黎蓬皮杜文化艺术中心（R. 皮阿诺及 R. 罗查斯设计）和香港汇丰银行（N. 福斯特设计）都是高技派建筑风格的代表作。高技派的理论基础仍然是现代建筑的创始人勒·柯布西耶的"机器美学"。尤其是 1977 年建成的蓬皮杜文化艺术中心，在建筑界产生了轰动效应。该中心由现代艺术博物馆、公共情报图书馆、工业设计中心和音乐与声乐研究所等组成。建筑的整个结构和设备体系完全暴露在外，尽显了高度工业化的结构和设备技术。在 168 米×60 米的平面范围内只有 2 排共 28 根巨型钢管柱，支撑各层楼面的是 14 榀 48 米跨并向两边各悬挑 6 米的桁架梁。桁架梁与柱子之间是一种特别的套筒，为的是使各层楼板有自由升高和降低的可能性，尽管这种可能性也许并不存在。尽管就其功能而言并没有必要做如此宽敞的空间和如此高的层高，但是蓬皮杜文化艺术中心体现了崇尚高技术、讲究精美、准确的机器美的建筑思想。这种思想是以现代工业技术和先进的科技成果为前提，因此它极具生命力。

"突出个性"的建筑倾向，始于 20 世纪 50 年代末，其动因是想对两次大战间的现代建筑风格上的千篇一律有所修正。勒·柯布西耶曾是千篇一律的国际式建筑的主要倡导者，但"二战"后却转而强调建筑的个性。他在法国孚日山区设计的朗香教堂正是突出个性的典例。朗香教堂坐落在一个小山头上，四周是河谷和群山，和普通天主教教堂不同，它既没有十字架，也没有钟楼，但它特殊的象征符号说明了教堂的特质。"卷曲的南墙末端挺拔上升，有如指向上天；房屋沉重而封闭，暗示它是一个安全的庇护所；东面长廊开敞，意味着对广大朝圣者的欢迎；墙体的倾斜，窗户的大小不一，室内光源的神秘感与光线的暗淡，墙面的弯曲与顶棚的下坠等等，都容易使人失去衡量大小、方向、水平与垂直的标准，这对信徒来说，起着加强他们的'唯神忘我'感的作用。"[5]它既带有法国南部地中海沿岸乡土建筑的某些特色，又具有原始居屋的粗犷和宗教的神秘，因而其个性特征是相当明显的,让人过目不忘。

赖特设计的纽约古根汉姆美术馆,也是个性极强的建筑。这是一个巨大的螺旋形建筑,盘旋而上的螺旋形坡道围着一个高约30米的圆筒形空间,整个建筑上大下小,坡道的宽度也随着高度的增加越来越宽,美术作品沿坡道陈列。在纽约的大街上,古根汉姆美术馆显得极其与众不同,与周围的建筑无法协调,但却给人留下深刻印象。

悉尼歌剧院的建成,使"突出个性"的建筑倾向达到了一个高潮。1956年,丹麦建筑师伍重以其丰富的想象力把悉尼贝尼朗岛上的歌剧院设计得像一艘高扬风帆的航船。它的形状与历来一切剧院都不同,几簇伸向天空的白色壳片特别引人注目,使人联想无尽。有人说它像白色的石花,有人说它像海滩的贝壳,在蓝天、白云、碧海的衬映下光彩夺目,成了悉尼的标志,同时也成了20世纪最美丽的建筑之一。悉尼歌剧院巨大的壳片不是功能的需要,也不是结构的要求,完全是出自建筑师对形式美的追求。现代建筑强调"形式跟从功能"的理论在这里发生了异化,说明建筑精神方面的功能开始引起人们的重视。

以上各种建筑思潮尽管各有特点,但都是源于现代建筑的理论,因为它们都讲究建筑的时代性,主张充分利用新材料和新技术与建筑艺术相结合,都强调从空间的组合和几何形体中去寻求美,都反对外加的装饰。它们的不同,在于从不同的角度对现代建筑不足之处的修正和补充,因此又有人将它们称为晚期的现代建筑。

后现代建筑

正当现代建筑风靡全球,现代建筑的理论家们为现代建筑在世界范围内的全面胜利弹冠相庆的时候,1958年一位现代建筑的支持者约翰逊却改变了自己的初衷,宣布与现代建筑大师们分道扬镳,他宣称"国际式溃败了"。1961年纽约大都会博物馆举行讨论会,题目就是《现代建筑:死亡或变质》。1966年,文丘里号召建筑师们摆脱正统现代建筑清教徒式的说教。美国建筑评论家布莱克将他的著作《形式跟从惨败——现代建筑何以行不通》称之为对现代建筑的"起诉书"。他说:现代建筑已流行了将近一百年,现在过时了。1977年,詹克斯的著作《后现代建筑的语言》出版,在这本书中詹克斯戏剧性地宣称,现代建筑已于1972年某月某日下午,随着美国圣路易城几座公寓楼房被炸毁而死亡。美国的《时代》周刊在一篇建筑专论的文章开头说："70年代是现代建筑死亡的年代,其墓地就在美国。在这块好客的土地上,现代艺术和现代建筑先驱们的梦想被静静地埋葬了。"

宣布现代建筑已经死亡的建筑师及建筑评论家、理论家们举起了后现代建筑的大旗。

后现代建筑的定义

后现代建筑指责现代建筑割断历史,忽视人的感情,排斥环境文脉,只注重技术,千篇一律,在这个基础上形成了自身的创作理论。

后现代建筑的代表人物之一查尔斯·詹克斯在《后现代建筑语言》一文中给后现代建筑作了定义:"一座后现代建筑至少同时在两个层次上表达自己,一层是对其他建筑师以及一小批对特定的建筑艺术语言很关心的人。另一层是对广大公众,当地的居民,他们对舒适、传统房屋形式以及某种生活方式等问题有兴趣。"学术界有人认为后现代建筑是指一切修改或背离现代建筑的倾向和流派的总称。但詹克斯并不同意这个观点,他说:精确地讲,后现代建筑师是用来形容那些意识到建筑艺术是一种语言的设计人,而不是泛指不设计国际式方盒子的人。可见后现代建筑追求的是建筑的语言功能和意义传递。

后现代建筑并不是有组织、有纲领、有统一理论和设计方法的建筑学派,而是多种流派的集合体,其中最有代表性的是以文丘里为代表的"灰色派",其他还有纽约的"白色派"和洛杉矶的"银色派"。文丘里是后现代建筑的旗手和理论家。他于1966年出版的《建筑的复杂性与矛盾性》,是后现代建筑的基础理论著作,与勒·柯布西耶的《走向新建筑》在现代建筑中的地位相当。

后现代建筑的社会基础与思想基础

20世纪60年代以来,西方社会的传统工业逐渐被以电子、生物、新材料、新能源为基础的尖端技术工业所代替。在所谓的"后工业时代",以电子计算机为基础的智能技术把人从机械而重复的繁杂劳动中解脱出来,人们把更多的精力和时间花在追求高品质的精神生活上。在这种社会物质生活日益丰厚、人们对精神生活提出更高要求的时候,现代建筑千篇一律的国际式面貌,就会受到非议。历史、传统、自然和生态关系更加令人关注。

任何建筑思潮都依附一定的经济基础。现代建筑之初，适应战后大量房荒的客观条件，强调功能，反对任何装饰。而后工业时代经济发达，尤其是美国，"二战"后成了世界头号经济强国，雄厚的经济基础，使后现代建筑追求情感的满足成为可能。

后现代的哲学基础是主观主义唯我论和客观主义存在论的统一，这种多元论的哲学观点一方面承认唯我意义上的主观世界，同时也承认存在意义上的客观世界。但却认为，客观世界的客观性是建立在个体世界整合的社会性基础上，即世界是个体协调整合的世界，世界的存在关系不过是协调的语言、符号关系。有什么样的协调关系就会有什么样的整合世界。所有协调关系在每个协调的个体中都可能换成可感知的意象，因而每个个体是按照自己的意象和意念来理解世界。后现代建筑认为，每个人都是按自己的意象和意念来理解建筑，同一个建筑在不同人的眼里可以有不同的意义。只是建筑语言把这些不同的意象和意念统一在一起，使得多元的个体现象得以换成可能描述的符号体系。因此建筑师并不是按照自己的意念和意象进行设计，而是通过建筑语言来整合自己和使用者及观赏者的意念和意象。

受多元哲学思想的影响，美学的研究领域也有所扩大。除了研究美的本质以外，对美感、审美意识和审美心理等方面也开始进行研究。作为审美主体的人的情感和知觉开始受到重视。后现代的美学观点就是在建筑艺术中追求建筑的复杂性与矛盾性，与古典的建筑美学观念截然相反。完整、统一、和谐不再被当作艺术创作的最高规则。反之，不完整、不统一和不和谐受到推崇，因而建筑美学的范畴扩大了，建筑创作的手段更加丰富。

近几十年西方发展起来的符号学理论，也是后现代建筑的理论依据之一。后现代建筑认为任何现实存在的建筑物都是可以引起一定行为的符号体系。建筑使用某种物质手段形成一定的形式来表达某种概念和思想。

后现代建筑的基本观点和创作手法

文丘里在其著名的著作《建筑的复杂性与矛盾性》中，一开头就宣告了他的观点与现代建筑的理论截然不同。他说："建筑师再也不能被正统现代主义的清教徒式的道德说教所吓服了。我喜欢建筑要素的混杂，而不是纯净；宁愿一锅煮的，而不要清爽的；宁要歪扭变形的，而不要'直截了当'的；宁要暧昧不定，而不要条理分明、刚愎、无人性、枯燥和所谓的'有趣'；宁愿要世代相传的东西，也不要'经过设计'的；要随和包容，不要排他性；宁可丰富过渡，也不要简单化、发育不全和维新派头；宁要自相矛盾、模棱两可，也不要直率和一目了然；我赞赏凌乱而有生气，甚于明确统一。我容许违反前提的推理，我宣布赞成二元论。""我赞成含意丰富，反对用意简明；既要含蓄的功能，也要明确的功能；我喜欢'彼此兼顾'，不赞成'非此即彼'；我喜欢有黑有白，有时呈灰色的东西，不喜欢全黑全白。"

上述观点应该说是后现代建筑理论的纲领，这个理论概括起来，可以说是鄙夷理性、追求怪诞、赞赏残缺、反对维新。当然对这种理论并不能简单地否定，它自有其存在的合理性，过激的语言无非是宣布它们与现代建筑势不两立，就像现代建筑一样，当初也是对折衷主义和复古主义的学院派极尽冷嘲热讽之能事。

就后现代建筑的意识形态与价值观念来看，他们更多地关心思想、关心理论、关心建筑形式与地方文脉的联系，关心建筑的装饰与隐喻，他们不再坚信建筑设计有严格的正确与错误之分。他们的设计没有一定的程式和规律，有的是较大的自由度和广阔的可变性。他们并不依恋一种或几种固有的设计手法，他们的思想是多元的、开放的，他们希望用不同的方法去解决不同的实际问题。后现代建筑与现代建筑不同，他注意人的感情和习俗，以建筑来适应人。在建筑与历史文脉、周围环境的关系处理上更加注重两者的相互关联与沟通。

现代建筑在其开创之初，就断然与传统决裂，独树一帜，而后现代建筑则较注重历史与建筑所在地的文脉，力图使建筑朝着隐喻式、乡土式及新的模棱两可的空间发展。后现代建筑刻意在历史和传统的建筑形象中去寻找灵感、收集素材，从而创造一种能唤起多种情感，既反映历史又体现时代风貌的复杂的美。后现代主义从满足当今社会上多种选择的心理要求和美学观念出发，沟通了传统与现实之间的联系。后现代建筑的含糊性和兼容性，使得后现代建筑形式多样，丰富多彩，激发人们根据自己的审美观点构成各种联想。后现代建筑认为由于当今建筑的功能日趋复杂，某些环境中象征作用已超过了空间形式所能表达的能力，这就要求以象征的符号作为交往传递的主要手段。因此，后现代建筑大量地运用古典建筑与地方建筑的片断，经过抽象提炼，拓扑变换，使其语言产生裂变，从而形成新的建筑词汇，再融进新的建筑语系中，并在新建筑中看到历史，从而增加了建筑的人情味。这事实上是一种促进现代与历史之间进行信息交流的创作手法。

后现代建筑认为装饰的手法同建筑本身不必有内在的联系，建筑物可以表里不一，内外脱节。一座建筑里面不动，外形可以做成古希腊式、古罗马式、哥特式等各种可以想到的任何形式。这与现代建筑"形式跟从功能"的理论截然相反。

后现代建筑追求多元的、自由自在的、随心所欲的表现形式，或者说主张不分主次的"二元并列"甚至"多元并列"，提倡矛盾共处，兼容并蓄，因此建筑的外观，可能是残缺与精美共存，构图无中心，这与现代建筑倡导的"突出重点，协调统一"的一元论大相径庭。后现代建筑的这种特点在珠江三角洲的建筑中不胜枚举，究其原因，与多元文化在珠江三角洲激烈碰撞不无关系。

从后现代建筑的上述各种创作手法来看，后现代建筑克服了现代建筑的不足之处，把社会与时代的普遍性同地方性、民族性及设计者的个性有机地结合在一起，把对古典精华的尊重与对抽象形式的追求融合在一起。后现代建筑正在努力发掘古典建筑中最有典型意义的精神，并用自己的方式表现出来，努力在建筑文化上恢复传统的建筑意象，使建筑尽可能也表现为一种轻松、自然、随意、亲切的形象。

后现代建筑与现代建筑的关系

现代建筑运动是建筑历史上一次划时代的大革命。它的意义远远超过建筑历史上任何一次重大变革，它彻底改变了世界范围内建筑的面貌，其社会效果也是史无前例的。近百年的建筑实践也充分说明现代建筑运动是和一定社会历史时期的社会需要、时代需要及公众需要相符合，时至今日现代建筑仍有广阔的市场和强大的生命力。

从辩证哲学的观点看来，任何事物都是发展的，而不是静止的。随着社会的发展，建筑也在不断的变化，旧的矛盾解决了，新的矛盾又产生了。新的建筑形式与社会的发展之间的适应关系是相对的，不适应则是绝对的，现代建筑在克服旧矛盾的过程中确立了它的地位，但同时也意味着新的矛盾运动的开始。新矛盾的存在和发展，最终必然导致统一体的瓦解，同时，在新的更高的基础上形成新的矛盾统一体。这种矛盾运动过程的更替，推动了建筑向前发展。

随着社会的发展，经济状况的改善，人们生活品质的提高，现代建筑过于单调、生硬，建筑词汇不丰富，建筑风格与地方文脉割断联系的矛盾就暴露无遗。后现代建筑正是针对这些矛盾而产生，但是后现代建筑并不是也不可能全盘否定现代建筑，而是对现代建筑的扬弃。正如文丘里所言：我把现代建筑打扮成一个坏角色，但我从来没有在讲话中或作品中全面否定过现代建筑，因为我在行动上和思想上认为我们的建筑在许多方面应从现代建筑中演变而来，而不是革它的命。它的杰作应与任何年代的杰作一样立于不败之地，今天我们针对它最后的软弱，而不是否定它开创时期的成功与光荣。

可见，真正的后现代主义并不是全盘否定现代主义，也不受现代主义理论的束缚，既强调建筑的多元性、矛盾性和具象性，也不忽视建筑的实用性、经济性和社会性。杂乱拼凑，故弄玄虚，怪诞离奇不应是后现代建筑的主流。

综观当今世界建筑，无论现代建筑还是后现代建筑，其存在的合理性并没有消失，都在某种程度上满足社会的需要，因此，它们将长期共存。

解构主义建筑

20世纪的建筑发展出现了三次浪潮，现代主义浪潮、后现代主义浪潮和解构主义浪潮。

解构主义建筑产生于20世纪80年代中期，其主要代表人物是美国建筑师埃森曼和瑞士建筑师屈米。他们把法国哲学家德里达的解构主义哲学理论用于建筑创作，形成了解构主义的建筑理论。"解构主义建筑大胆向古典主义、现代主义和后现代主义提出质疑。它的'非理'打破了一切理论的根据，他们认为以往任何建筑理论都有某种脱离时代要求的局限性，不能满足发展变化了的要求。他们重视'机会'和'偶然性'对建筑的影响，对原有传统的建筑观念进行消解、淡化，把建筑艺术提升为一种能表达深层次的纯艺术，把功能、技术降为表达意图的手段。在手法上，他们打破了原有结构的整体、转换性和自调性，强调结构的不稳定性和不断变化的特性，并提出了消解方法和两个阶段：1. 颠倒；2. 改变。颠倒主要是指颠倒事物的原有主从关系。改变则是建立新观念。解构主义反对整体性，重视异质性的并存，把事物的非同一性和差异的不停作用看作是存在的高级状态。"[6]

解构主义建筑的哲学基础是解构主义哲学理论。解构主义是当代西方哲学界兴起的一种新的哲学学说，它是与西方哲学界的另一种哲学思想结构主义相对的。结构主义哲学认为：两个以上的要素按一定的方式结合组织起来，构成一个统一的整体，其中诸要素之间确定的构成关系就是结构。结构主义哲学强调结构有相对的稳定性、有序性和确定性。重要的不是事物的现象，而是它的内在结构或深层次结构。解构主义哲学则认为，没有静止的固定结构，结构在不断的变化。解构主义不但反对结构主义的理论，它甚至对柏拉图以来，欧洲理性主义的思想传统及一系列西方传统文化观念的基本命题都打了问号。解构主义认为所有既定的界限、概念、等级都应推翻。解构主义代表人物德里达成了西方文化界的一个理论异端。解构主义哲学因为其猛烈的冲击传统文化观念，而引起强烈反响，在西方文学、社会学、伦理学、政治学等方面掀起了一股解构热。在这种时代背景下，出现解构主义建筑就很自然了。

解构主义建筑，由于1988年在伦敦泰特美术馆的解构主义学术研讨会和在纽约大都会现代美术馆举办7人解构建筑展而声名大起。埃森曼的美国俄亥俄州州立大学美术馆、屈米的巴黎拉维莱特公园和德国建筑师尼希的斯图加特大学太阳能研究所等都是解构主义的典型例子。在这几座建筑中，建筑采用错位、变形、歪曲、扭转的手法，显得无序、偶然、奇险、松散。当然这种解构的手法仅限于外观形式的范围，工程结构、设备系统是不能解构的。因此吴焕加教授说：解构主义建筑中"被解的非工程结构之构，实乃建筑构图之构。"吴教授还把解构主义建筑的特点归纳为：

散乱。"解构建筑在总体形象上一般都做得支离破碎，疏松零散，边缘上纷纷扬扬，犬牙交错，变化万端。在形状、色彩、比例、尺度、方向的处理上极度自由，超脱建筑学已有的一切程式和秩序，避开古典的建筑轴线和团块状组合。总之，让人找不出头绪。"[7]

残缺。"力避完整，不求齐全，有的地方故作残损状、缺落状、破碎状、不了了之状，令人谔然，又耐人寻味。处理得好，令人有缺陷美之感。"[8]

突变。"解构建筑中的种种元素和各个部分的连接常常很突然，没有预示，没有过渡，生硬、牵强、风马牛不相及。它们好像是偶然地撞到一块来了。"[9]

动势。"大量采用倾倒、扭转、弯曲、波浪形等富有动态的体形，造出失稳、失重，好像即将滑动、滚动、错移、翻倾、坠落，以至似乎要坍塌的不安架势。有的也能令人产生轻盈、活泼、灵巧以至潇洒、飞升的印象，同古典建筑稳重、端庄、肃立的态势完全相反。"[10]

奇绝。解构主义的建筑师竭尽全力追求标新立异，"不仅不重复别人的样式，还极力超越常理、常规、常法，以至常情。处理建筑形象如耍杂技、亮绝活，大有形不惊人死不休的气概，务求让人惊诧叫绝，叹为观止。"[11]

正因为解构主义建筑具有散乱、残缺、突变、动势和奇绝的特点，所以学术界认为解构主义建筑的出现，拓展了建筑审美学的范畴。原先不登大雅之堂的散乱、残缺之类的审美范畴，出现在一些重要的建筑物中，成为当今引人注目的建筑审美风尚之一。这点与普通美学范畴在现代的不断扩展是相吻合的。在长期的历史中，人们只有"美"这一个美学范畴。后来人的感情日渐复杂，才有了悲剧、秀雅、崇高、尊贵、素朴、愉悦、哀婉、多愁善感等八个美学范畴。再后来人们甚至认为"丑"本身也有一定的审美价值，是"否定性的审美价值"。丑娃娃玩具竟然市场广阔，正说明人们的思想情感趋于复杂，美学的范畴正在扩大。从这个意义上看解构主义建筑就可看到它存在的合理性和所具有的积极意义。

第二节　西方建筑理论对珠江三角洲建筑的影响

由于时代错位，发展了近一个世纪的现代西方建筑理论集中在20世纪的最后20年内涌入珠江三角洲，造成各种流派、各种风格在珠江三角洲百花齐放，盛况空前。在这个过程中珠江三角洲的建筑广泛吸纳了先进的西方建筑理论，大大丰富了珠江三角洲建筑的内涵。

珠江三角洲建筑设计主体的构成

建筑是由人设计的，建筑师队伍的素质及其基本构成对整个地区的建筑风格及建筑水平具有决定性的影响。珠江三角洲的建筑人才在1979年以前是十分匮乏的。1953年广州过半建筑专业人员调往武汉中南设计院，1956年又是过半建筑专业人员调往石油部门。和全国一样在"文化大革命"的十年之中建筑学教育全面停止，若干年没有建筑学毕业生，建筑学的理论研究也停滞不前，形成了建筑学领域明显的人才断代。为数不多的建筑师经过政治运动的洗礼，下乡的下乡，改行的改行，建筑人才奇缺。改革开放20年来，海内外建筑学精英云集珠江三角洲，人才济济，今非昔比。参加珠江三角洲建筑设计的专门人才既有海外的建筑设计机构及其中国的代理机构，也有从中国各地汇聚而来的建筑精英，更有一直在探索新建筑的本地岭南派建筑师。

1979年以后珠江三角洲扩大了与海外建筑机构的联系，尤其是香港的建筑界成了珠江三角洲与西方建筑理论接触的中介。1983年，香港的著名建筑界人士钟华楠、郭彦弘和潘祖尧等被中国建筑学会吸纳为"海外名誉理事"。他们在促进海内外建筑界交流方面做了大量工作，其中，钟华楠先生在20世纪80年代每年最少有二次到大陆讲学。钟华楠先生1983年在中国建筑学会组织的学术会议上作了《当代建筑设计流派》的报告，言简意赅地把世界建筑流派分为现代派、反现代派和地方民族派。他的这个观点曾使中国建筑界感到十分新鲜。

香港著名的建筑师及设计事务所要么直接参与珠江三角洲的建筑设计，要么积极参加珠江三角洲的各种建筑学术活动，以各种形式与珠江三角洲的建筑界保持着密切的联系，1997年香港回归后，这种联系就更加频繁。这些重要的香港建筑设计机构有：

香港刘荣广伍振民建筑师事务所。该事务所在香港的代表作是香港最高的商业大厦中环广场。中环广场建于湾仔海旁，1992年建成，楼高78层，总高373.9米，直到1997年都是全世界最高的钢筋混凝土大厦，更是美洲以外最高的建筑物。整幢大厦是三角形光滑的柱体，金字塔形的屋顶连接60米高的避雷针，是整个香港天际线上的制高点。中环广场顶部镂空的金字塔，富于变化的墙身和底层巨大的古典麻石柱廊，使其具有明显的后现代建筑的格调。

香港巴马丹拿建筑及工程师有限公司。巴马丹拿在香港的代表作有怡合大厦和香港科学馆。怡合大厦高52层，建于20世纪80年代初，其高度曾多年雄居亚洲之冠，外墙纵横排列的圆窗已成为香港海岸的标志。香港科学馆，这座色彩丰富的建筑物由一个外露的结构构架以及雕塑性很强的元素如筒形鼓和锥体组成。室内特殊的设计手法为展览提供了最大的灵活性。庞大的能量机与飞机存放在室内使空间充满活力。

香港王欧阳有限责任公司。该公司在香港的代表作是香港会议展览中心的扩建工程香港新翼展览厅。该工程位于6.5公顷的湾仔海边的人工岛上，为香港最大的无柱展厅，面积达8500平方米，拥有各种会议厅房3000平方米和一个4288平方米的会议大堂。举行宴会时可招待3600名嘉宾，是全球最大的宴会厅之一。拥有大型玻璃幕墙及180度海景的会议厅大堂可容纳600人。作为世界最大的圆拱屋顶之一，用了 40000 平方米铝材铺盖，6 根长 81 米、高 18 米及重 460 吨的钢架支撑。建筑外型的设计意念来自海鸟从水面振翅高飞表现的力量均衡的美，流线型的屋面赋予整个建筑鲜明的个性。1997 年的香港回归仪式就是在这里举行。

其他重要建筑设计机构还有香港王董建筑师事务所、香港 P&T 建筑师事务所、香港美国建筑师设计有限公司、香港司徒惠建筑师事务所，等等。

华森建筑与工程设计顾问有限公司是深圳非常活跃的一支设计队伍。它是建设部建筑设计院与香港森洋国际有限公司合资经营的一个综合建筑设计公司，1980 年在香港和深圳分别注册并开展业务。截至 1998 年底华森公司完成了酒店、体育文化设施、商业中心、综合医院、办公大厦、住宅建筑等 200 余项近 600 万平方米的建筑工程设计。这些项目表现了科技进步，反映了时代精神。在深圳和广州的作品主要有：深圳华夏艺术中心、深圳体育馆与体育场、深圳南海酒店、深圳明华中心、深圳发展中心、深圳华侨城、深圳彭年广场、广州锦城花园、深圳百仕达花园等。由于华森公司在省港两地同时经营，通过香港华森这个窗口可以了解世界建筑发展趋向和先进技术、先进材料、先进的管理和设计程序。因此，华森公司事实上是珠江三角洲建筑界与世界建筑潮流之间的一座桥梁。通过这座桥梁，珠江三角洲的建筑吸纳了大量世界建筑最新理论的丰富营养。

深圳华艺设计公司是一支与华森公司齐名的设计队伍，在深圳建筑界的影响也是比较大的。深圳华艺公司是 1986 年成立的香港华艺设计顾问有限公司在深圳的分公司。华艺公司的业务范围覆盖加拿大、日本、香港、澳门、泰国及深圳、广州、北京、南京等地，是一个跨国性质的设计公司，因为这种国际背景，华艺设计公司成了珠江三角洲建筑与世界建筑潮流联系的另一座桥梁。华艺设计公司在深圳的主要作品有：深圳火车站、深圳天安国际大厦、深圳发展银行大厦等项目，这些作品无一不透出当今世界建筑潮流的气息。

20 世纪 80 年代，珠江三角洲成了改革开放的前沿，全国四个经济特区就有二个在珠江三角洲。深圳和珠海都处在开埠之初，急需建筑人才，于是全国大量的建筑人才流向珠江三角洲，曾在华森、华艺公司担任重要职务的建筑设计大师陈世民、郭明卓等就是这些人才的代表。在深圳、珠海和珠江三角洲的其他城镇有数以百计的内地建筑设计院开设的分院。内地广东籍的建筑人才几乎百分之百地返回广东，中国工程院院士、建筑设计大师、华南理工大学建筑学院院长何镜堂教授、广东省建筑设计研究院的总建筑师胡镇中先生就是这批人中的佼佼者。全国各大建筑院校的毕业生甚至教师、教授都纷纷南来。清华大学在深圳开设南清华,同济大学、天津大学、重庆建工学院、东南大学、西北冶金建筑学院等高等院校的建筑系学生都可以在珠江三角洲找到众多的校友。从那时起,20年来这股人才"雁南飞"的潮流虽有潮涨潮落,但始终没有间断。在这个波澜壮阔的潮流中,许多人增长了才干,成了高级建筑师、教授、博士生导师、建筑设计大师和工程院院士,同时也为珠江三角洲补充了建筑人才,带来了崭新的设计思想和创作手法,形成了一次建筑文化的大碰撞、大交流。

除了海外建筑师及内地建筑师的参与外,珠江三角洲本地的建筑设计队伍仍然是一支基本的设计力量。广东省建筑设计研究院和各市各地的建筑设计研究院以及华南理工大学建筑设计研究院在珠江三角洲20年的建筑活动中起了积极的作用。在设计第一线的岭南建筑学人从20世纪50年代起克服重重困难,顶住各种压力,一直在探索岭南新建筑。林克明、夏昌世、佘畯南、莫伯治、郭怡昌、何镜堂等是他们中的代表人物。由于他们对本地文化熟识,并拥有岭南人的固有特性,这支设计队伍在珠江三角洲的建筑活动中起着不可替代的重要作用,他们是创造岭南新建筑的主体。

华南理工大学是国家教委的重点工科院校,其建筑学院为珠江三角洲的建设培养了大批的专门人才,改革开放以来每年在全国招收优秀的高中毕业生,经过严格训练,几乎全部输送到了珠江三角洲的建筑界。那些分配到外地的毕业生往往也通过各种渠道又随"雁南飞"的大潮回到了广东。在培养建筑学本科生的同时,还不断为珠江三角洲输出建筑学硕士和博士等高级人才。许多重要的建筑师如何镜堂、胡镇中,以及许多城市建设管理部门的领导如广州市副市长李卓彬等都是这个学院的毕业生。

华南理工大学建筑学院作为华南地区建筑理论研究的中心,为珠江三角洲建筑发展做了大量的基础研究工作。博士生导师龙庆忠教授、陆元鼎教授、刘管平教授、邓其生教授、叶荣贵教授、吴庆州教授、何镜堂教授以及建筑学院的其他教授专家在岭南古典建筑的研究、岭南民居的研究、岭南园林特色的研究以及创作理论方面颇有建树,为珠江三角洲的建筑保留其民族特色和地方特色、开创岭南建筑新风奠定了坚实的理论基础,有了这个基础岭南新建筑才得以成为现实。

海外建筑师直接参与珠江三角洲的建筑设计

海外建筑师直接参与珠江三角洲建筑的设计,直接把世界的建筑创作理论带到珠江三角洲,形成了海外建筑文化与珠江三角洲建筑文化前所未有的交流,促使珠江三角洲的建筑完成了对世界建筑理论的吸纳过程。

广州20世纪90年代城市的标志建筑中信广场[12](图3-1),由香港刘荣广伍振民建筑师事务所设计。中信广场原名中天广场,后因被中信集团收购而更名中信广场。中信广场位于广州天河北路与林和东路、林和西路交界处。1993年开工,1996年竣工,占地23239平方米,总建筑面积235539平方米。建筑总高度389.7米,共80层。中信广场取代香港中环广场成为了世界上最高的钢筋混凝土结构建筑,也是

图3-1 a. 广州中信广场

图3-1 b. 地毯式花园

当时除北美以外最高的商业大厦。

中信大厦位于广州市天河这个商业、金融、文化娱乐、高档办公楼集中的新区，地块北面为穗港直通车火车站即广州火车东站，大厦与火车东站之间是一块5万平方米的地毯式绿化广场，南面与天河体育中心相对。高耸入云的中信大厦与舒展平远的体育场形成强烈的对比，中信大厦光洁明亮的密斯风格与天河体育场刻意宣扬的结构美再次形成强烈对比，这是现代建筑在珠江三角洲的一个成功杰作。在火车站东站、中信广场、天河体育中心、天河城珠江新城到珠江边这条天河区的中轴线上，中信广场与天河体育中心一张一弛，如弓在弦的构图，更强调了中信广场在中轴线上统领全局的地位。与周围建筑协调发展，在融入城市环境的过程中强调自身的存在，这种手法与美国KPF的创作思路有异曲同工之妙。

中信广场主楼80层，拥有13万平方米国际水准的甲级办公用房。外墙以蓝绿及不同灰度的玻璃幕墙镶嵌，利用立面中部横线条构成的重复韵律突出了大厦挺拔直逼中天的动势。大厦顶部用一个亮度比外墙更高的圆柱状玻璃幕结束，两根平行的避雷针直刺苍穹，整个立面构图隐藏了一个巨大的"H"，这是"天堂"（heaven）的第一个字母，结合原来的名字"中天"，足见设计者匠心独具。主楼入口大堂高达24米，以精制的不锈钢及玻璃为主要材料，辅之以粗犷的黑色大理石，凸显出慑人的魅力。

主楼北侧为两座38层双塔式高级豪华公寓，公寓面积69000平方米，两幢公寓分别向东北和西北方向延伸，使主楼办公用房及住宅的视野都不会受到遮挡。两幢高层公寓的女儿墙由于转折的原因，从正面透视来看，其边沿线变成两条向上的斜线，与主楼向上的动势相呼应，烘托着主楼，同时又是主楼与大地间的过渡。

裙房部分为四层面积达35000平方米的高级购物商场，当中聚集名牌精品商店，为购物娱乐、消遣及宴会之理想地点。裙楼顶部置有特为公寓住户服务的住户俱乐部及天台花园，设备一应俱全，包括健身室、游泳池、桑拿浴室等。地下设多层停车库，含1000个车泊位。

深圳20世纪90年代的标志性建筑地王大厦[13]（图3-2）也是由海外建筑师直接参与设计。建筑设计由香港美国建筑设计有限公司负责。主要建筑师是美籍华人、北京王府井饭店的设计者张国言先生，结构设计是香港茂盛工程顾问有限公司及日本新日制铁株式会社，设备和机电设计是香港科联顾问工程师事务所。深圳市建筑设计院负责协调与政府的关系，并就设计是否符合中国相关规范进行审核，还

图 3-2
深圳地王大厦(引自《深圳市罗湖商业中心区》)

负责处理现场问题。地王大厦的设计者来自欧、亚、美各国,是一个典型的国际合作,由此可见一座现代化的大型城市综合体已不能简单地说是由谁设计的,现代大型建筑的设计越来越离不开各工种设计者的协调一致和共同努力。

地王大厦位于深圳市罗湖区与福田区交界的菜屋围三角地块上,因其南临贯通五个城市组团的深南大道,东接宝安南路,地处繁华闹市,被深圳地产界称为"深圳地王"。1992年10月该地块进行了全国首例国际性招标，通过200多家境内外公司的激烈竞标，最后由熊谷组公司联合深业集团有限公司以1.42亿美元叫价夺标，取得了该地块50年的土地使用权。

地王大厦建成时为中国最高的钢结构建筑，占地18734平方米，总建筑面积273349平方米，总投资约38亿港元。地王大厦实际上是一组建筑群，由办公塔楼、公寓楼和商场共同组成。办公塔楼高324.75米，钢桅杆尖高383.75米，地面以上使用层为68层，加上避难层、设备层、阁楼层共79层。公寓楼33层，建筑高度为120米，共有332套公寓单元。办公塔楼与公寓之间的连接体为贯通5层的共享空间式商场，地下3层车库拥有868个车泊位。

地王大厦1992年11月开始设计，1993年4月开工，开工时设计尚未全面完成，受商业利益的驱使，采用了边设计边施工的方法。68层的办公楼1996年3月竣工，总工期36个月，其中，钢结构施工最快达2.25天一层楼。

地王大厦设计时，国内尚无超高层建筑的设计规范，工程的设计和施工都是参照美国、英国、日本等国的有关规范。为了尽可能地缩短工期，地王大厦采用了钢筋混凝土核心筒和钢结构相结合的结构体系，利用了逆作法、液压爬模、矩形钢管混凝土柱等新技术。地王大厦塔楼的高宽比超出常规，接近九分之一，为了验证这种结构在风作用下的稳定性和安全性，先后在日本、加拿大、澳大利亚等世界著名的风洞实验室做了试验，并邀请国外风洞实验的高级专家到广东进行实验。正是以科技为坚实的后盾，地王大厦才得以鹤立鸡群，收到"会当临绝顶，一览众山小"的视觉效果。

地王大厦单看68层的办公塔楼，似乎属于典型的"密斯风格"式的现代建筑，但通览整个建筑群，则应属于具有解构主义倾向的建筑。

与传统构图追求协调、突出重点的一元论手法不同，组成地王大厦的三个建筑采用不同的建筑形体，用料和色泽，每幢建筑都有自己的面目。68层的办公塔楼两端是直径25米的圆筒形玻璃幕，两侧用铝片作出横向分格，中间一道宽1.3米、高100多米的饰线将水平横线一分为二，据说这种构图受到中国古代服装对襟衫的启示，作者的原意则是想以强调横线的手法来模仿中国隶书以纵横平直为主，点、撇、捺为辅的笔法，以求找到与地域文脉的联系。

塔楼入口有一个"A"型的钢桁架，形成独特的"门楼"。入口两面的外墙饰以石材并向内倾斜形成收分的效果，以增加石墙的厚重坚实的感觉。在塔楼的上部出奇不意地突出了一个挑出外墙5米、宽10米、高52.5米的倒置梯形，这两个在塔楼东西立面上突出的梯形，使整个塔楼的南、北立面产生超高层塔楼中罕见的轮廓，不是一般下宽上窄而是恰好相反，上宽下窄的奇险效果，犹如塔楼在俯视整个城市。顶部以一对圆柱和高耸的钢桅杆结束，产生一种刺破青天的动势。

33层的公寓楼更是典型的解构主义建筑，基本的构图手法为"突变"、"奇绝"、"动势"。一块巨大的红色矩形斜嵌入公寓楼之内，和公寓楼的主体之间没有过渡，连接得非常突然。公寓楼中部切开一个大洞，露出红色矩形的一边，使红色矩形的构图更加完整，同时也显出它与主体更加格格不入。空洞内是一个空中游泳池，为住户创造了一种令人振奋的特异空间。公寓楼的色彩处理以白色为基调，与蓝色主塔楼无论是色彩还是材质都风马牛不相及。公寓楼自身的色彩也非常跳跃，红、黄、绿三种纯色直接碰撞，没有过渡，有悖常理，令人叹为观止。与现代建筑风格的广州中信广场不同，公寓楼的外轮廓线不是陪衬主体塔楼形成一个中心，而是与主体塔楼产生一种离心力，取分庭抗礼之势。公寓楼的总体效果是偶然、奇险、失稳、翻倾，用色也十分自由、离奇，它在已拓展的建筑美学范畴内，找到了自己存在的理由。

连接主体塔楼和公寓楼的是一个5层中空商场购物中心，也采用了令人过目不忘的解构主义手法。商场南北两侧的外墙采用浅棕色与灰色花岗石砌成的大方格，方格并不按常规平行于地平面，而是有意倾斜形成一种滑动和翻倾的效果，其图案也与主楼产生一种离心力。南北两侧进入商场的入口不锈钢雨篷也取不规则的三角形造型，雨篷上开圆形的天窗，与墙面生硬地连接，不作任何过渡，似乎是不经意中随便安上的部件，但却能造成醒目的效果，有利引导游客进入商场购物。

由于建筑设计者张国言先生的华裔背景，地王大厦的设计一直寻求与中华文化的沟通，这一点又有些后现代主义讲求文脉的概念。总平面设计中张先生刻意留出较多的绿化位置。大多选择具有典型广东特色的木棉、棕榈和高山榕等植物，并保留了一株三百年的老榕树。主塔楼引用中国书法的构图，公寓中间开洞则与中国园林的漏窗剪景异曲同工。在200米长的范围内，布置了体量、色调、材质均不相同的建筑，用一种斜面的构图隐约将它们连在一起，生动活泼，极具个性，正如中国画经常表现出来的对"疏可走马，密不透风"的构图美的追求。

广州花园酒店[14]（图3-3）是20世纪80年代初广州的重要建筑物，是拥有2100个客房的五星级宾馆。其"Y"字型平面、旋转餐厅及总统套房等做法在国内建筑界曾引起轰动效应。花园酒店也是由海外建筑师和工程师直接参与设计，建筑、结构、给排水及污水处理由香港司徒惠建筑师事务所设计，空调、电气、消防等设备由香港科联顾问工程公司设计。

花园酒店位于广州环市东路，面对白云宾馆，1985年12月竣工，总建筑面积17.12万平方米，由东西2座塔楼组成。东塔楼24层，西塔楼32层，最高111.5米，西塔楼顶设有可容纳300人同时用餐的旋转餐厅，餐厅直径36米，可无阻挡地环视全市景色。

图 3-3
a. 广州花园酒店（上）
b. 花园酒店入口（下）

花园酒店是境内外建筑师为珠江三角洲带来的一座典型的现代化建筑，外观朴素无华，没有多余的装饰，用材十分普通，但具有恰当比例的密布窗格网的两个塔楼立面与 6 个山墙的实墙面形成了对比。两个"Y"字型平面前后错落带来丰富的空间构成，令人感到十分愉快。入口处跨度约 40 米的壳状镂空大雨篷更是别出心裁，构成了花园酒店前庭的视觉中心。

深圳发展中心大厦[15]（图 3-4），建筑设计由美国与香港合作的迪奥·施维锡设计顾问公司设计，结构设计是香港华森建筑工程顾问公司。深圳发展中心大厦位于深圳最繁华的罗湖商业区，毗邻国际贸易中心。大厦 43 层，地下 1 层，高 165.3 米，建筑面积 75100 平方米，1987 年建成时为中国最高建筑，是深圳特区的标志性建筑之一。大厦以高级写字楼和五星级酒店为主，内设豪华精品商场、中西餐厅、酒吧、歌舞厅、健身房、康乐场、裙楼顶设游泳池、主楼顶为直升飞机停机坪，是一个多功能的大型城市综合体建筑。深圳发展中心大厦主楼外观是一个圆柱体，采用钢框架及钢筋混凝土结构。外墙采用新型的四边结构玻璃幕墙，宛如一座巨型的水晶雕塑。

图 3-4
深圳发展中心大厦

深圳发展中心大厦应该是一座后现代主义的作品。平面上并不推崇功能第一的观点，作为酒店的标准客房布置在圆形的平面内，显得十分勉强。卫生间和入口处相对狭窄，而临窗部分又过分宽敞，面积使用的不合理自不待言，另外圆形平面也并不是受地形所限的结果，完全是为了追求一种外观效果。这种由外而内的设计方法，与现代建筑由内向外的设计方法大不相同，而与古典主义学院派的设计方法却有相似之处。外墙处理上密斯风格的玻璃幕与柯布西耶的带形窗呈现出强烈的对比，28~29 层设备层的外观作贯通处理，使带形窗形成的重复韵律出现断裂。至此作者还觉不够丰富，还把玻璃幕凸出做成台阶状，使上部带形窗形成的主体就像刚从外壳中脱颖而出，这是一种隐喻，向世人述说发展的必然和发展的不易,从而点了"发展中心"这个主题。

深圳新都酒店[16]坐落在深圳市中心区建设路与东风路的交汇处,是一座中外合资的四星级酒店,酒店楼高26层,总建筑面积35753平方米,建成于1987年,由香港张常安、梁照如建筑工程事务所设计。

深圳新都酒店是一座造型别致的现代主义建筑,圆形和矩形等简单几何形体合符逻辑的穿插对比,层层退进步步高的构图,使整个大厦产生一种如风帆、似海轮的形象和向前的动感,表现了时代的特征。重复的弧形带窗在中部开口,安装观景电梯,形成大厦正面的视觉中心,侧面墙上嵌入高达4层的正方形玻璃幕,犹如晶莹的水晶石镶嵌于酒店阶梯形的立面上,减弱了厚实感,使整体形象更加轻盈、活泼而富有个性。

广州南方电脑城[17](图3-5),是广州市天河区岗顶一带十分醒目的建筑。由香港建筑师

图 3-5
广州南方电脑城

设计,具有KPF的风格,尤其顶部超尺度的镂空构架,像一朵花冠,更是KPF的典型手法。

该大厦的外墙材料是银灰色的复合铝板和绿色的玻璃幕,两种材料使用得十分精细。与现代主义建筑常用大块面、粗线条、不追求细部的效果不同,这里的细部构件十分精美,在顶端的花冠下面重叠着几层檐口,都用铝板包成古典线角的式样。裙房部分与人更接近,因此细部做得更加仔细,裙房的女儿墙做了一个类似豪华海轮的栏杆,栏杆的立柱薄薄的一片上大下小,十分夸张。入口雨篷透出一种机器零件的精确和完美,雨篷还吊了几根并不受力的拉杆,展示了力学的玄机。广州南方电脑城是海外设计师直接将KPF的风格带入珠江三角洲的一个例子,这种风格对珠江三角洲20世纪90年代中后期的建筑有较大影响。

为叙述方便,深圳华森和华艺设计公司等中外合资或者香港在珠江三角洲的设计代理机构参加珠江三角洲建筑设计的情况也归入本节之内。这种设计机构在世界建筑潮流和珠江三角洲建筑之间起着传媒的作用,可说是珠江三角洲建筑吸纳西方建筑理论的中介。

深圳发展银行大厦[18]（图 3-6）是深圳金融中心区一座十分个性化的建筑，大厦坐落在深南东路南侧与中国人民银行、工商银行、农业银行相对应，建筑面积 56320 平方米，地上 31 层，地下 3 层，总高 182.8 米，是一座综合性的银行办公大楼。深圳发展银行的建筑设计是由深圳华艺顾问公司与澳大利亚著名的 P·T(Peddle Thorp)建筑事务所合作完成。结构设计及水电、空调、设备设计由华艺公司完成。P·T 建筑事务所是澳大利亚有百余年历史和十余家分公司的设计集团，构成澳大利亚悉尼城市天际线的高层建筑群多为该公司的作品。

深圳发展银行大厦 1996 年建成，是采取超高层建筑语言，以高技术特征表达银行空间，体现当代历史感的建筑。业主在设计之初就提出"不吝啬花钱，希望有座类似香港汇丰银行建筑特色的大厦"。经济上不成问题，给了建筑师一个广阔的创作空间，使发展银行大厦以其三角形的构图、高技派的手法、突出鲜明的个性而一举成名。

图 3-6
深圳发展银行

"个性化"、"高技术"和"时代性"是深圳发展银行大厦的三大特点。

"个性化"表现在它具有与周围建筑如地王大厦、金融中心和深业中心完全不同的外观，同时它与金融中心的梯形屋顶形成的建筑文脉相呼应，其梯形的砌块节节上升呈"发展"之势，强调了建筑的个性。由此形成了与环境在和谐中构成对比的特色。

"高技术"表现在用一组倾斜向上的外包不锈钢巨型构架体现建筑物强劲的力度和力学的均衡与和谐，构架背衬极富韵律的彩色玻璃幕墙，表达了高技派的审美观。

"时代性"表现在把营业大厅设计为 5 层高开敞的空间，从而大大加强开放性和群众性的时代特征。建筑西端分台错落列出三个玻璃天庭，内部广设树木花草，结合开敞式的景观办公区，构成共享的波特曼空间，把传统单间分隔办公室转化为现代的舒适、自然、有效率的空间。

发展银行大厦以其台阶跃升的体魄、直角三角形的构图、简洁挺拔的构架与丰富细致的细节充实了深圳罗湖金融中心区的建筑内容，为深圳的高层建筑别开了生面，成了极富标志性的建筑。

发展银行大厦的总设计师陈世民先生在深圳建筑中十分活跃，他虽然不能算作岭南建筑流派的建筑师，但他在珠江三角洲建筑吸纳世界建筑理论的过程中起了重大作用，功不可没。

陈世民先生 1935 年出生于四川雅安，1954 年毕业于重庆建筑工程学院建筑系，1980 年以前分别在中国建筑工程部北京建筑工业设计院、河南省建筑设计院和中国建筑科学院任建筑师。1981 年到 1985 年在香港华森建筑与工程设计顾问公司任总经理、总建筑师、副董事长，华艺（深圳）设计顾问有限公司总经理、总建筑师。1994 年被授予国家建筑设计大师称号。他在珠江三角洲的主要作品都集中在深圳。如：深圳发展银行、蛇口南海酒店、深圳金融中心、深圳火车站、深圳天安国际大厦，等等。深圳发展银行大厦独特的个性，南海酒店与环境的融合，深圳金融中心的三足鼎立，深圳火车站宏大的气魄及深圳天安大厦的粗野主义都给世人留下了难忘的印象，为深圳的建设作出了极大的贡献。陈世民先生是一位勤于创作、善于构思的多产建筑师，又是一位运筹帷幄、善于经营的跨国实业家。

陈世民所著《时代·空间》一书，详细记录了他的创作过程。全书分酒店、大厦、办公、公共、住宅、论文六大部分。大部分是 20 世纪 80 年代中期以后的作品，其中有 30 多座已建成的重要建筑或设计方案，每幢建筑既有文字介绍，又有从开始的构思、草稿、方案到设计完成的资料，生动形象地展示了设计过程，也表达了在创作过程中的思维发展。

深圳火车站（图 3-7）位于深圳罗湖口岸的罗湖桥头，1991 年建成。设计是经全国招标后采用机械电子工业部深圳设计研究院的方案，后经华艺公司的陈世民先生对其方案进行了改头换面的修改，由华艺公司和机械电子工业部深圳设计研究院分工合作完成设计。

深圳火车站为一大型综合性多功能交通建筑，面宽达 215 米，建筑总规模为 98790 平方米，地上 11 层，地下 2 层。横跨站场 8 股道，四个站台上空设跨线楼。为国内首例口岸型大型综合性铁路车站，除具有现代化火车站功能外，尚设有大型海关、边防联检场地以及酒店、办公、商场、餐厅等公共设施。此外，还拥有港澳旅客专用售票、候车、进出站设施及属于特区本身的一线和三线联检管理系统。深圳火车站可说是 20 世纪 90 年代国内功能最齐、最复杂的火车站，反映了现代社会的综合性和商业化特征。

图 3-7
深圳火车站

深圳火车站是一座现代建筑,但其受后现代主义建筑理论的影响显而易见。作为现代建筑,深圳火车站的主要特点就在于把功能放在首位,把简捷流畅的交通、舒适安静的候车、鲜明易辨的导向、快速周到的服务作为车站空间组合和平面布局的目的。尤其是在人流组织上突破了以北京站为标志的中央分配大厅的传统做法,借鉴国外现代航空港广泛采用的带形分散的交通组合。在平面上设置了四组垂直交通和五个对外出入口,南北两组垂直交通分别导向上层的酒店和港澳旅客、团体候车,中央的两组垂直交通直接导向上层的出租写字楼及餐厅。四组垂直交通的底层都直接通向广场,而中央的主要出入口则引入 4 层高的共享空间。由自动扶梯和楼梯直接将人流引向高架候车室。四组垂直交通枢纽与中央大空间又在水平方向相互串联起来,使车站的各项功能既成组地区分又彼此互相联系,既可独立又不封闭,各部分均有自己清晰的流线出入口。

深圳火车站抛弃了"国际式"的"方盒子"形象,在探索地域文脉的环境关系中,确立了自身的体量和外形。车站的东北角紧邻高度 100 余米的香格里拉酒店,西面是富临大酒店,高度也在 100 余米,站前广场进深不过 100 余米。广场三面封闭向东开敞,东面视线开阔，有山有水，风景宜人。陈世民先生认为车站高度应为站前广场进深的 1/3 左右才不致对旅客产生压抑感，同时车站的高度在香格里拉和富临酒店高度的 2/5 左右，视觉效果较为协调，因此确定火车站高度应控制在 38 米左右。但业主以广州火车站就是因为高度不够所以不雄伟为由要求深圳火车站的高度要达到 50 米。陈先生认为广州火车站与站前广场之比达 1∶8 与深圳火车站不能同日而语，为尊重业主的意见在建筑上采取了相应的措施，将建筑的上面两层梯次退进，每层檐口倒成圆角，使人们的视线更加流畅，降低了建筑的高度感，只是四角的塔楼局部达到 50 米，这就在业主的限制中找到了一种中庸的办法。

深圳火车站的尺度把握则是借鉴中国传统建筑的做法。陈先生认为天安门城楼的雄伟壮观与城楼上的一排汉白玉栏杆不无关系。栏杆通常是与人体最密切的一种构件，其高度通常是 1 米左右，天安门城楼上的白色栏杆正好给了人们一个理想的尺度和比例，使人一目了然地观察到，红色的城墙、金黄色的琉璃瓦屋面均与细小的栏杆之间尺度悬殊，让人体验出天安门的高大和雄伟。借鉴这种对比的手法，深圳火车站顶层 3.6 米开间的客房以层叠退后的错位关系做了两层阳台。并明显地将每个阳台隔墙划分成独立的单元，利用人们习惯的阳台尺度产生强烈对比，直接显示出火车站宏伟的体量。

受后现代建筑理论的影响，深圳火车站主要立面抛弃了现代建筑的带形窗，也没有采用全玻璃幕墙的"密斯风格"，而是采用玻璃和实墙相结合的办法。实墙两端较大，向中间依次叠落，逐步变小，然后突然跃起变成一个中间破开的双圆心拱，形成车站立面的视觉中心，站名就放在这里，十分醒目。这种哥特式双圆心尖券的变形，产生了一点历史的回味。为了增加动感，两侧的实墙上还开启了一排圆洞，类似弦窗的构图是交通建筑的一种隐喻。正入口处通红而粗壮的红色构架，似乎与整个建筑的色调自相矛盾，过于跳跃，但却正好产生明确的导向性，同时也流露出深圳火车站的后现代建筑特征。

深圳赛格广场（图 3-8）位于深南中路与

图 3-8
深圳赛格广场

66 珠江三角洲建筑二十年

华强北路的交汇处，总建筑面积 16 万平方米，地下 4 层，地上 70 层，总高 288.8 米。由华艺公司的陈世民先生设计，大厦内含有亚洲最大的高科技电子产品市场、证券交易大厅、会议中心、智能性写字楼等内容。整幢大厦于 1999 年建成。

赛格大厦裙房高达 10 层，内设电子产品市场。十一层利用裙房屋顶，贯通室内外，用作城市商务会所。顶部设观光浏览层，有室外观光电梯直达顶层，时为深圳最高的观光场所。赛格广场具有高技派的建筑风格，结构采用新型的钢管混凝土柱为主体的全钢结构，柱网尺寸达 12 米，使平面空间的分隔十分自由。外墙全部采用双层中空玻璃幕墙和 25 毫米厚的蜂窝铝板幕墙，能源消耗大幅度降低。赛格大厦是一座高级的智能大厦，是深圳 20 世纪末的最后一座标志性建筑。

深圳金融中心大厦(图 3-9)位于深圳上步中心区，深南大道与红岭路的交界处，由华森建筑与工程设计顾问公司和机械部深圳设计院联合设计，主要建筑师是陈世民先生。金融中心建成于 1986 年，分别由深圳中国银行、深圳建设银行和晶都大酒店等三个 35 层的大厦组成，总高 115 米。总建筑面积 128900 平方米。

图 3-9
深圳金融中心大厦

深圳金融中心具有现代建筑强调个性化的建筑风格，其立面构成受美国纽约万国宝通银行大厦的影响。万国宝通银行大厦顶部斜切一刀呈锥形状，像一面旗帜耸立在纽约的高层建筑之中，真有独树一帜之感，深圳金融中心则是把三面这样的"旗帜"聚合在一起，彼此间保留一线天的距离，平面上互为 120°交角呈放射状布局。三个不同用途的塔楼面向三个不同的方向，每个塔楼均保持独立的出入口、独立的经营环境和独立的垂直交通系统，从各个方向看来，每个机构都是突出的、独立的，而其他两栋建筑都是陪衬。这样处理很令独立意识很强的业主感兴趣。三座建筑互相独立的同时，又由共同的裙房将其连接在一起，三座塔楼都在顶部斜切一刀，产生一种内聚的向心力和一种向上的动势，喻示着三家合资开发商的精诚团结，也使整个建筑融为一体，形成局部服从全局的格局。近看三座塔楼亭亭玉立，相互媲美，远看却是一个雄伟的城市综合体。

深圳金融中心在总平面布局上的个性化也十分明显。中心所在地块呈正方形，四边临路，北面是主要城市干道深南大道。传统的布局方式是沿深南大道单向组合，三家排成一排，固然大家都有了繁华大道的黄金口岸，但必然导致交通拥挤，人流混杂，且建筑排列缺乏层次和立体感。另一种传统做法是将高层建筑沿地块周边布置，中间围成一个封闭的空间，这显然是对城市环境的不尊重之举。深圳金融中心抛弃了这两种常见的做法，借鉴发达国家在重要建筑中常采用的空间组合方法，以广场和绿地环绕建筑。金融中心的三大建筑围绕一个中心向外扩散，其外沿空间形成花坛、步行道、广场和休息处与城市共享，这是一个与传统封闭式内院截然不同的有生气和有次序的建筑空间。

正是深圳金融中心的这些显著的个性特征使其成为深圳市的标志性建筑之一，它始建于深圳市开埠之初，但时至今日仍然神采依旧。

深圳彭年广场[19]由华森公司设计。彭年广场位于深圳市中心，由渣食大厦、利是佳大厦、兴贸大厦和余氏酒店组成，其中余氏酒店为主体建筑，包含了五星酒店、写字楼、公寓式办公及住宅楼、商场、中西式餐厅等内容，总建筑面积193215平方米，共57层，总高222米。

图 3-10
蛇口新时代广场

深圳彭年广场的余式酒店是该广场的代表建筑，具有现代主义建筑的风格，没有沿袭古典建筑的三段式构图原理，而是将高大的立面划分为四个部分，每个部分都使用了不同的现代主义的建筑语言。裙房为落地大白玻璃，强调了室内与城市环境的交流。主体下层直接在实墙面上开方窗，无窗楣也无窗台，更无多余的装饰。主体上部用带形窗与弧形的玻璃幕相结合，两者结合得十分严谨、理性，决无跳跃离奇之感。酒店顶部是整个建筑立面的高潮，旋转餐厅与附近国贸大厦的外观相呼应，餐厅上高耸的球形观光塔，又强调了自身与众不同的个性。

图 3-11
a. 蛇口海景广场(上左)
b. 海景广场入口(上右)

深圳蛇口新时代广场(图 3-10)是一座智能化的高级写字楼,是招商局蛇口工业区的行政管理中枢,由华森公司设计。新时代广场高 38 层,总建筑面积 86000 平方米。外墙以进口花岗石为主,配以亮绿色玻璃幕墙,给人厚重坚实的感觉,顶部的尖塔显然是从古典的建筑语言中提炼而成,具有后现代建筑的风格。

深圳蛇口海景广场(图 3-11)位于蛇口海滨,是一座综合性公寓式写字楼,共 33 层,总高 100 米,总建筑面积 71800 平方米。内含二百余个供小公司办公用的单元,每个单元 120～200 平方米,配有厨房、卫生间,可办公可居住。这种公寓式写字楼曾在 20 世纪 80 年代末成为珠江三角洲办公建筑的新时尚。海景广场是一座现代风格的高层建筑,由于其临海的地理特点,平面呈弧形,是一种比较自由的平面形式。长弧沿海布置,尽可能多地将海天一色引入室内。海景广场体量巨大却无沉重之感,主要缘于空间组合上将弧形体量 45°斜置,有效地收缩了透视上的体量感,外墙以带形窗为主,体现了现代主义建筑的特点。入口处支承网架结构大雨篷的是一根盘龙巨柱,流露出民族的情结。

深圳蛇口明华国际海事中心与海景广场和新时代广场一道构成了蛇口天际线上的制高点,是蛇口的主要建筑之一,由华森公司设计。海事中心是一座高级写字楼,总建筑面积 72819 平方米,24 层。背靠蛇口龟山,面向大海,居高临下,视野开阔。海事中心具有现代建筑的风格和典型的象征主义手法。立面处理结合海事中心这个主题，白色的带形窗重叠曲折，背衬蓝色的实体，象征蓝色大海的汹涌波涛。顶层圆形的歌舞厅，顶部做了一个非常具象的远洋轮桅杆，总体构图似一艘海轮乘风破浪。

从以上若干实例可以看出，境外建筑师和中外合资设计机构在珠江三角洲建筑20年中起着良好的导向和中介作用。本节对广州中信广场、深圳地王大厦、广州花园酒店、深圳发展中心、深圳新都大酒店、广州南方电脑城、深圳发展银行、深圳赛格广场、深圳金融中心、深圳彭年广场、深圳火车站以及蛇口的主要建筑等十几个典例进行了分析。世界建筑理论的三大潮流，现代主义、后现代主义和解构主义在这些典例中都有表现。这些直接由海外建筑师和中外合资机构参与设计的项目建立在珠江三角洲，起着示范和导向作用。在设计和建设过程中，境外建筑师和珠江三角洲的建筑师产生了十分密切的关系，使珠江三角洲的建筑师有了直接面对世界建筑潮流的机会。境外建筑师和中外合资设计机构直接参与珠江三角洲的建筑设计，在珠江三角洲建筑吸纳西方先进建筑理论方面起了重要的作用。

珠江三角洲建筑师在吸纳西方建筑理论方面的探索

珠江三角洲的建筑师由两个部分组成。一部分是长期在岭南大地从事建筑设计的建筑师，他们熟悉珠江三角洲的人文及自然特征，熟悉岭南的地方文化，在将西方建筑理论与地方文化相融合的过程中起着主导作用。另一部分则是改革开放以后陆续从内地来到珠江三角洲的建筑师。他们人数众多，具有开拓精神和冒险精神，又都在内地受过良好的建筑学教育，对西方建筑理论有所接触，对中华民族的文化背景十分熟悉。他们来到珠江三角洲后，注意研究当地的地域文化和自然环境，努力使自己的作品融入当地的文脉之中。他们利用珠江三角洲天时、地利、人和的有利条件在吸纳西方建筑理论和保持民族文化特点方面找到了施展自身才能的舞台，最终成为珠江三角洲建筑人才的一部分。

珠江三角洲的建筑师，充分利用自身的地缘优势，采取多种方式保持着和世界建筑潮流甚为密切的关系。理论探索、出国考察、学术交流、国际竞赛、合作设计等使珠江三角洲的建筑师直面世界，而不是像内地的一些建筑师那样，只是通过别人的二手资料，对世界先进的设计理论和设计手法做一些空洞的文字游戏。珠江三角洲的建筑师,在经济高速发展的快节奏中几乎没有喘息的机会。但他们中的代表人物以充沛的精力对世界建筑最流行的创作理论进行了理论探索。面对珠江三角洲扑面而来的高层建筑潮流,莫伯治、何镜堂等人对美国当代高层建筑的美学进行了深入浅出的探讨。由莫伯治先生执笔的《美国当代高层建筑美学的新探索》[20]一文,对美国自 20 世纪 60 年代以来在高层建筑中体现出的多元主义的美学观点进行了分析研究。60~70 年代,美国高层建筑美学的发展面临一个转折时期,国际式的方盒子即"密斯风格"的式样受到猛烈的批评。在一些建筑师仍然顽强地坚持现代建筑理论的同时,许多建筑师却在寻求新的创作途径。SOM 事务所设计的汉考克大厦和当时世界最高的建筑西尔斯大厦都表现了对国际式方盒子的扬弃。同时还有许多高层建筑,运用古典建筑的语言阐释其设计者在高层建筑设计中的新古典主义观点。与新古典主义将现代建筑与古典建筑语言相结合的做法不同,后现代主义的高层建筑是对现代建筑的国际式样作了彻底否定,从体型以至细节都充满了经过提炼变形的古典建筑符号。

《美国当代高层建筑美学的新探索》一文(以下简称《美学探索》)以美国建筑师 Paul Rudolph 在 40 层高的城市中心大厦 Forth Worth(Texas)的设计中坚持和探索现代建筑理论在高层建筑中的美学价值为例,分析了现代建筑理论并没有失去存在的根基。Paul Rudolph 先生通过自身的实践,致力于正确处理高与低、精细与概括、秩序与偶然的种种关系,创作出多姿多彩而又简洁明快的现代主义高层建筑,使现代建筑理论在高层建筑领域获得了新生。Forth Worth 市中心大楼是用工厂预制组件精确安装,表现精致而光洁的美,沿着现代建筑的轨迹,把密斯风格推进了一大步。在这个大楼的设计中 Paul Rudolph 表述了一个观点,他认为超高层建筑应结合视觉正确处理细致与概括的问题,由于人的视觉已辨别不清 120 英尺以上的楼层高度,因此在 120 英尺以上的部分已不存在尺度问题,但 120 英尺,也就是 6 层以下则与人的活动接近,因此在这个区域的高层建筑构件要有明确的惊讶感。在"无尺度部分"运用概括的手法,在必须讲究尺度的部分应用细致的手法,这种处理高层建筑的手法在何镜堂先生主持设计的广州市长大厦上得到了很好的运用(详见本书有关市长大厦的研究)。

《美学探索》用了一个新的概念"后引"(Set Back),来描述那些采用退台的手法逐步收进的高层建筑所产生的美学效果。美国曾经在 20 世纪 30 年代实行"高度与后引"的城市管理条例,导致"后引"式高层建筑的大量出现,其中帝国大厦是一个典例。1950 年后,由于国际式样推崇高层与广场相结合,"后引"型高层建筑逐步消失。70 年代以后,现代功能主义受到责难,"后引"式建筑重新抬头,当然这不是简单地回到从前,而是一种螺旋式的进步,从风格上看有的具有折衷主义的风格,而另一些则有后现代主义的倾向。《美学探索》一文将"后引"建筑划分为外套型("Jacket" System)和方尖碑式并对两种类型作了分析。

纽约的"世界金融中心"办公楼是外套式后引建筑的典例。主楼上部外墙的玻璃面积较大,而下部外墙的玻璃面积较小,花岗石面积较大。从下部的重点入口处,裂开一个缺口,分段分级向上逐级扩大,其开口分级的构图是按"后引"斜线的要求,向上分级展开。花岗石部分就像包在主楼玻璃躯体之外的"外套",因此主楼下部实体感最强,愈向上则实体感愈弱。本书在上一节对深圳火车站和深圳发展中心的分析中认为两者都具有一定的后现代建筑的倾向,若按莫伯治先生的划分,这两座建筑都应属于新"后引"建筑中的"外套"式建筑。这种外套式的立面处理方式在珠江三角洲的高层建筑中屡见不鲜。后面要提到的东莞银城大厦就是一个例子。

方尖碑式的后引建筑,往往在顶部做成方形攒尖或十字脊加攒尖。整个建筑的形体高耸入云,外观尤如古埃及的方尖碑。这种构成形式有的带后现代建筑的倾向,也有的含有折衷主义的意味,更有一些与现代主义结合形成新的建筑形象。受这种构图方式的影响,珠江三角洲的许多高层或超高层建筑都采用四方攒尖作为顶部处理的手法,但具体表现方式各有不同,如广州市长大厦的金顶、广州东风路口广东发展银行的镂空不锈钢尖顶等都属尖方碑式的"后引"建筑。

《美学探索》一文还对美国高层建筑中的后现代主义风格作了详细的分析研究,Michael Graves 设计的 Humana 总部大楼是典型的后现代主义的高层建筑,这是后现代派在高层建筑中具有里程碑性质的作品。它采用分级向上"后引"的体型,墙面完全抛弃由玻璃幕和钢架表现的精制的美学观念,全部采用实体厚重的材料和体型。整个大厦立面分为三段,墙面全部用花岗石饰面,上下两段都有很浓的古典建筑品味,中段墙体重复利用小方窗的构图增加了实体感。沿着主街的廊柱和檐口线含有神庙的符号、堤坝式的冠顶和大型的神龛，神龛内甚至有一个微型的 Hoffman 神庙，后现代主义的基本思想都在这座大楼里得到了体现。

《美学探索》指出高技派起源于结构主义并对美国建筑师 Helmut Hahn 所作的 SOIC(State of Iino's Center)的高技派风格作了详尽分析。SOIC 的高技派风格主要展现在中庭内部空间的处理上。中庭给人的印象是不知所措，"绕着中庭大厅的低层部分是商店和大厅，上部则为办公楼，中庭大厅由蛛网般的结构包裹着内部空间，构成圆筒形内涵的建筑母体。上面悬挂着许多不同功能的组件，如：独立的电梯箱，分段悬挂的楼梯，像一组一组的动态雕刻，结合圆筒形反射玻璃壁，从多角度反射出的色光效果，使人有如处于无穷变化的万花筒之中。暴露的精细的螺栓头、夹钳、管道，特别是电梯组件如平衡锤、缆绳等无数的零件以至电梯的按钮等细部，都是以表达各种零件或组件精确明亮的美学外观为目的。突出了这幢建筑的结构主义和高技派的风格"。华南理工大学建筑设计研究院设计的宝安新城广场的中庭，正是受了 SOIC 的影响，飞跨中庭的天桥和四周的栏杆都详细地体现了工业结构的精美，鲜明的色彩更突出了高技派的风格。

华南理工大学博士生导师何镜堂先生曾经指导他的研究生对国外超高层建筑作了系统的研究。由何镜堂先生等撰写的《超高层办公建筑可持续设计研究》[21]一文（以下简称《可持续设计》）是这方面研究的一个侧面。该文从可持续发展的理论高度对国外的若干超高层建筑进行了研究比较，从一个全新的角度对超高层建筑进行了剖析。

《可持续设计》一文就超高层建筑在可持续发展方面的利弊进行了讨论。指出超高层建筑对人聚环境的持续发展有许多不利影响，如超高层建筑相对而言，消耗更多的能源和人力物力资源。超高层建筑体量巨大容易在城市空间构成、日照、电磁辐射、风环境等方面产生不利影响。超高层建筑聚集大量人员，给城市交通带来压力。超高层建筑远离地面和自然环境，对人的健康会产生负面影响。超高层建筑如遇地震、火灾时极易造成更大伤亡。相反，在大城市中，超高层建筑也有利于可持续发展的一面，主要因为超高层建筑可以节约大量的土地，节约下来的土地用作绿化、交通或广场可大大改善城市环境。

如何在高层建筑的设计中注重可持续发展的问题？《可持续设计》一文介绍了许多国外好的设计典例，认为超高层建筑的可持续设计包涵三个层次。首先是保护自然生态环境。超高层建筑是建筑领域的最高成就之一,在向重力和高度挑战的同时也带来影响可持续发展的因素,例如巨大的能源耗费。为减少能耗,国外有许多成功的例子。"SOM事务所在沙特阿拉伯设计的吉达市国际商业大厦紧密结合了当地的气候特点,采用V字形平面。创造了三个内凹式的空中庭园,大厦外立面多为实体墙,玻璃窗只开在空中庭园内侧,避开了灼热的直射阳光,大大降低了空调能耗,收到了良好的节能效果。香港汇丰银行大厦在13层设有大型可调节阳光反射板,改善了室内的照明条件,是利用高科技节能的又一个实例。近年来许多高层建筑在外墙材料的构造上作文章,如采用新型复合墙体、中空玻璃、可控双壁体系统等等,也能收到良好的节能效果。马来西亚建筑师杨经文博士致力于热带地区高层建筑的节能研究,其设计的马来西亚梅拉纳商厦运用生物气候学原理,通过平面布局、造型设计和构造设施等方面的特殊处理取得了明显的节能效果。"在节约土地、扩大节能成果方面,香港时代广场在十分狭小拥挤的地段采用架空首层的办法与街道空间连为一体,大大提高了购物者的流通效率,这种将地面还给城市空间,用地而不占地的设计可以收到良好的效果。

其次是改善区域城市环境,这包括绿化、交通和人文三个环节。在绿化方面除尽可能地留出绿化地外,屋顶绿化是一个较好的解决办法。"香港太古广场位于中环与港仔之间,设计巧妙地结合地形,在三层大型购物中心的屋顶上遍植花木,形成郁郁葱葱的屋顶花园,并在花园中设法保留了一棵百年的大榕树。4幢50多层的超高层办公、酒店大厦位于屋顶花园之上,组成一个集购物、餐饮、休闲、办公、旅游业为一体的大型城市综合体,极大地改善了该地区的环境素质。"在交通方面,由于超高层建筑聚集大量的人员,给城市交通造成了巨大压力,解决的办法一种是综合利用地面交通、地铁和架空步行道组成的立体交通网,另一种是在超高层建筑内部消化一部分交通量。"法国巴黎德方斯新区高层建筑群坐落在巨型的架空板上,全部机动车在架空板下行驶,人车分流,保证了新区环境的安静与畅达。纽约世贸中心妥善处理步行、地铁和架空步道的交通组织,并形成一个延伸到大西洋海湾的休息平台和交往广场,很受市民和游客的欢迎。香港在建筑交通一体化方面有许多成功的探索。如太古广场,人们可以在购物商场内通过地铁或架空桥方便地进入港岛四通八达的交通网络。78层的香港中环广场建筑底层局部架空用作停车场地，工作人员由自动扶梯到二层再转乘电梯。二层的架空步道直接与建筑的二层大厅相通，步道的造型与面材都与建筑的裙房部分浑然一体。超高层办公建筑的可持续发展又要求内部功能的综合性，即建筑融办公、居住、餐饮、购物等多项功能于一体。这样便可将部分交通量内部消化。诺曼·福斯特在日本设计的千年塔便是这样的例子，这座圆锥形塔体的高度约为西尔斯大厦的两倍，建成后将容纳 5 万人在其中工作和生活。在人文方面，超高层建筑应对城市传统的建筑文脉有所继承，而不能摆出一幅冰冷的面孔耸立在城市之中。在这方面 SOM 事务所的几个超高层近作引人注意。高达 126 层的俄罗斯塔位于莫斯科，其顶部处理令人联想到俄罗斯教堂的穹顶。位于雅加达的 70 层办公大楼的顶部构思则来源于印尼古老的佛塔。体态酷似中国密檐塔的浦东 88 层金茂大厦更是为人熟知。目前世界上最高的建筑——西萨·佩里设计的马来西亚吉隆坡城市中心双塔也运用了独到的平面处理，以求得与传统文化的内在契合。"

再次是在微观的层次上营造健康的工作环境。超高层建筑在风力作用下的位移、远离地面自然环境、空调系统带来的负氧粒子损失以及有害的建材都可能使人患上"高层建筑综合症"。尤其是远离自然环境给人带来的不适是超高层建筑应设法解决的问题。"近年来出现了所谓的'绿色大厦'，其手法是在超高层办公建筑中设大量的空中庭园，将阳光、新鲜空气、水、植物等自然因子引入室内，创造'类地面环境'来减少远离地面对人心理和生理的不利影响。诺曼·福斯特设计的法兰克福卡默兹银行总部大厦是其中的代表作，大楼标准层采用花瓣式平面，立体旋转式布置，每隔三层便设一个空中庭园，园中种有大量植物，全新的设计意念使其内部办公环境得到明显改善。"

莫伯治先生的《现代建筑与超前意识》[22]一文强调建筑美学上的创新依赖建筑师的超前意识。表达社会发展的时代精神，是建筑创作能够有所突破和创新的关键。莫伯治先生通过对现代建筑理论关键发展阶段的分析论证了上述观点。文中展示了现代建筑的超前意识，以及现代建筑在近百年的发展中演绎变化出来的多种概念。莫先生把这些概念归纳为：①有机建筑，体现人为意识与自然因素互相渗透，并认为这是现代主义创作中考虑得最多的一种概念。从赖特初期的草原住宅、阿尔托的地方风格、柯布西耶的朗香教堂到伍重的悉尼歌剧院都是从有机建筑的概念中演绎出来的杰作。②功能空间分离的构图要素。Louis Kahn 是这种设计手法的倡导者，他在理查药物研究所设计中，采用主次空间分离的手法，追求群体对比与统一的效果，使当代的建筑师颇受启发，扩大了建筑审美的范畴。莫伯治先生认为法国巴黎的蓬皮杜文化中心，也是将主次空间分离的典例。建筑设备管道和楼梯全部装在主体空间之外，构图上给人以十分"前卫"的感觉。③运用钢材作为建筑美学造型的要素。密斯·凡德罗是"第一位导入钢材作为建筑造型要素，将钢材的运用和美学功能与空间的概念相连结，并运用中性多用途的空间，强调其功能的变异性，刻意追求有共性的体型和内部空间。这一超前意识，正好与当时西方社会经济发展的时代精神相结合，得到了推广和应用。它适应大量建造大型企业管理行政办公楼的需要，并推动了玻璃金属幕墙工业的开拓和发展"。同时在建筑美学范畴，取代古典主义和折衷主义，而成为主导的影响力量。"密斯风"发展到今天，已经有了很大变化，许多建筑师站在现代主义的立场，对方盒子的国际式高层建筑进行了大胆的修正。纽约的万国通银行大厦、芝加哥的西尔斯大厦、香港的中银大厦和香港的汇丰银行大厦都是这方面的典例。④偏离现代主义的新古典主义、后现代主义和解构主义。莫伯治先生认为尽管这些主义已经偏离了现代主义，但它仅仅是偏离，无非是人们对于建筑的体型风格追求有更大的包容性而已。这是莫伯治先生对西方建筑理论体系划分的新探索。

  以上几例是珠江三角洲建筑师中的代表人物对西方建筑设计理论进行探索的几个侧面。除此之外，和国外著名建筑师的直接交流也对珠江三角洲吸纳西方建筑理论的过程起了促进作用。1981 年 3 月美国著名建筑师约翰·波特曼来广州访问，与广州建筑界的学人广泛交流，与莫伯治先生和佘畯南先生都有过深入的交谈。约翰·波特曼的代表作是美国亚特兰大的桃树中心及旧金山的艾姆巴底诺中心。他创造了著名的"波特曼共享空间"。波特曼是建筑师，同时又是房地产开发者，他认为建筑师应该兼为投资者，这样才能按自己的构思去设计，把设计哲理付诸实施。波特曼先生指出，一个建筑师必须在实践中逐步形成自己的一套完整的设计哲理，但不要成为某一流派的追随者，也就是说，建筑师应根据每个建筑的不同情况，选择适当的风格和手法，同一个建筑师可以做出分属于不同流派的各种风格的建筑来。约翰·波特曼的设计哲理是：建筑是为人而不是为物，注重环境设计，研究人对环境的反应是建筑师的重要任务。这与佘畯南先生的建筑理论十分相近。波特曼试图以心理学的观点去研究人与建筑平面和空间的关系。他的环境设计哲理是奠基于对人们在公共空间内活动的观察。他认为建筑师不仅要掌握静态的空间，更重要的是掌握空间的动态，把空间设计与人的活动联系起来。他还认为建筑师对建筑技术和艺术应有感情，但对人则更应有感情，建筑师要了解人性，特别是人性的多样化，这样才能创造出为大多数人喜欢的多姿多彩的建筑空间。波特曼正是从他的这个设计哲理出发提出关于环境空间和城市规划的理论。

在城市规划方面，约翰·波特曼认为城市应由若干"协调单元"(Coordinate unit)组成。"协调单元"的大小是以步行能达到的时间距离(Time distance)为半径所包括的范围。人一般习惯步行7~10分钟的路程，在这个范围内人们的任何活动，包括居住、工作、学习、医疗、购物、用餐、文娱、康乐、社交，等等，都只须步行就能达到，不用借助任何交通工具，这就会给人们的生活带来很大方便，节省时间和能源。波特曼在参观白天鹅宾馆的工地时，对沙面这个小岛很感兴趣。沙面的建设已有百年历史，小岛东西长约1公里，南北宽不到300米，当时岛内不许行车，人们可步行到任何一个角落。这里各种生活设施一应俱全，环境幽美。沙面格局与波特曼的"协调单元"不谋而合。

空间设计方面，波特曼首先提出了"共享空间"的构思。通过对人的研究，波特曼先生发现，人们都不喜欢在局限的空间中活动，如果一个空间内同时进行着许多不同的活动，它会给人们精神上的自由感。他在谈到"共享空间"设想的起因时提到，当他第一次进入罗马的圣彼得大教堂时，他立刻被这个尺度极大的空间所震撼。当他首次进入古根汉姆博物馆时，他乘电梯到顶层，然后沿着斜坡廊子走下，边欣赏画展，边走到栏杆旁观赏四周人群，并向下望整个大空间的尝试，轻松愉快地欣赏完画展而毫无倦意。这两件事启发了他"共享空间"的构思。在宾馆设计中，约翰·波特曼常用共享空间把宾馆"炸开"，创造一个富丽堂皇的空间。电梯被从墙里"拉"出来，外露的玻璃电梯在中庭内穿梭，增加了空间的动态。美国桃树中心的海耶特·丽晶宾馆是他首次采用中庭大空间的尝试，这个正方形的中庭各边为120英尺，高23层，客房绕着中庭布置，使用效果良好。后来在桃树中心广场宾馆、纽约时代广场宾馆、旧金山艾姆巴底诺中心海特·丽昌宾馆以及尼罗河南岸的埃及开罗中心都使用了大空间的中庭，手法十分灵活，空间多姿多彩。波特曼的共享空间概念对珠江三角洲的大型宾馆、公共建筑影响很大，白天鹅宾馆等大型建筑都有一个漂亮的中庭。究其原因，除了人所共有的对大空间的向往以外，珠江三角洲湿热的气候也使人对宽敞通透的共享空间情有独钟。

在环境设计方面，波特曼十分强调"秩序"和"变化"的统一。他说秩序是确定空间的要素，它带给人们舒适和健康的感觉，但过多的"秩序"会引起人们的憎恶感，因此人们在"秩序"中又渴望有"变化"。他曾与佘畯南、莫伯治先生站在白天鹅宾馆工地的三层楼上，远眺江水汇合之处，兴致很高地交谈环境设计问题，细致地了解中庭的设计和后院的"鹅潭夜月"意境的构思，对白天鹅宾馆环境设计的构思中透出的有秩序变化的理念十分赞赏。

约翰·波特曼在设计中特别喜欢使用圆形，亚特兰大桃树中心中庭内的椭圆形挑台给人留下了十分深刻的印象。他认为直线是人为的，大自然绝无直线，海上的波涛、天上的白云、地上的田园和山峦都是自由的曲线。因此曲线让人感到亲切。在建筑中采用曲线来配合直线的环境，采用花卉、树木来缓和建筑的"刚性"会使人们易与建筑发生联系。这是约翰·波特曼常采用的圆形的哲理，也体现了建筑对人的关爱。波特曼的这种观点，对珠江三角洲的建筑也有相当的影响，曲线和圆更加接近人的感情，使人感到轻松、愉快，深圳市中心医院的设计就体现了这种思想。这座三级甲等医院在国内首创转通的圆形护理单元，大大缩短了护理路线。同时，可人的曲线给病人以亲切、柔和的感受。

在吸纳世界建筑理论的过程中，珠江三角洲的建筑师作了许多的理论探索，但更多地是直接从事创作实践，在实践中学习，在实践中提高。20年的时间太短暂，珠江三角洲城市群的出现就像魔术一般，在极快的发展节奏下，珠江三角洲的建筑师没有更多的时间坐下来从事纯理论研究，要跟上时代的步伐就得到时代的大潮中去弄潮，先干再说正是岭南人的文化特质。在珠江三角洲建筑发展的20年中涌现出了大批的优秀人才，在设计第一线就产生了四位中国工程设计大师，其中三位还是中国工程院院士（仅就建筑学专业而言），他们是佘畯南、莫伯治、郭怡昌和何镜堂。陈世民先生也是中国工程设计大师，但他作为香港华艺公司驻深圳分支机构的负责人，设计范围涵盖国内外，再加上他并没有岭南文化的背景，故不把他归为珠江三角洲的建筑师，尽管他为深圳建设作出了卓越的贡献。佘畯南先生、莫伯治先生已在前面分别作了详细介绍。在研究珠江三角洲建筑师在20世纪最后20年的具体创作项目之前，应对郭怡昌先生和何镜堂先生有一个基本的了解。

郭怡昌[23]，1936年5月出生于越南一个华侨之家。1959年毕业于广东省建筑工程专科学校，1964年以前分别在建专任教、华工进修和在建筑公司工作，1964年调到广东省建筑设计研究院工作，1978年改革开放后任建筑师，从此开始了他辉煌的专业生涯，1994年任省院总建筑师，同年被授予"中国工程设计大师"称号。1996年郭怡昌先生因病去世，享年60岁。郭怡昌先生是一个典型的实干家，平时少有著述，但却留下了许多与世长存的作品。他在珠江三角洲的主要代表作有：广州南湖宾馆、广州火车东站、深圳图书馆、东莞科学图书及博物馆、广东省政协民主楼、东莞银城大厦等项目。

何镜堂[24]，1938年4月出生于广东省东莞。1956年考入华南工学院建筑系，在这所历史悠久、师资力量雄厚、培养出来的学生思维灵活、动手能力强的高等学府里，何镜堂先生如鱼得水，以优异的成绩完成了五年的学业，1961年大学毕业后又考上了研究生，师从著名的岭南现代建筑的奠基人夏昌世教授，成为华南工学院第一批正式招收的研究生。

何先生研究生毕业后分配到湖北省建筑设计院工作，1983年随着"雁南飞"的大潮，何镜堂举家南迁，回到华南工学院，在新成立的华工设计院工作，从此走上了一条设计、研究与教学三结合的道路[25]。

珠江三角洲的建筑师在大量的工程实践中，超负荷运转，他们主要是以实际行动完成了对西方建筑理论的研究和吸纳，在他们的作品中处处可以看到当今世界建筑潮流的痕迹。

广东国际大厦[26]（俗称63层，图3-12）1987年5月动工，建成于1992年7月，由广东省建筑设计研究院设计，建筑师李树林，结构工程师为中国工程设计大师、中国工程院院士容柏生。1994年广东国际大厦获全国优秀设计金奖，1993年分别获建设部优秀设计一等奖和广东省优秀设计一等奖。该大厦坐落在广州市环市东路西段，是一幢为金融、对外经济贸易服务的大型综合

图 3-12
广东国际大厦

第三章 吸纳世界建筑理论 79

图3-13
深圳国贸大厦

楼宇，包括金融机构营业大厅、证券交易所、国内外贸易机构的办公用房及为其服务的餐饮、旅馆、公寓、娱乐场所、天面花园、地下车库等，设备先进齐全，大厦用地面积19540平方米，总建筑面积178000平方米，五层裙楼上置三座高层建筑，主楼63层，高200.18米，时为中国最高建筑，在世界上200米以上钢筋混凝土结构超高层建筑中排行15。在运用无粘结预应力混凝土平板结构方面超过美国芝加哥52层的休伦大厦，成为世界之最。

广东国际大厦的建筑设计吸收了现代主义建筑的创作理论，强调功能第一，符合结构逻辑，不加多余装饰，也没有无病呻吟的建筑符号。裙房外墙采用粗面花岗石，敦实而厚重。主塔楼则以铝合金板加镜面玻璃的带形窗交替重复，晶莹剔透，光彩照人。四角的实体形成四道直线，强调了大厦的挺拔。主塔楼的平面是一个四角切边的正方形，它的大小沿立面作了三次收分，使主塔楼产生一种纪念碑的效果。这个超尺度的丰碑，是广东改革开放前10年建筑的最高成就。

深圳国际贸易中心大厦[27]（图3-13），位于深圳繁华的罗湖商业区人民南路与嘉宾路汇交点的东北侧。1982年10月开工，1985年12月竣工，由中南建筑设计院设计。这座高50层（一般资料称为53层，是将地下3层计算在内）160米的大厦是当时中国的第一幢超高层建筑，也是深圳的第一座标志性建筑。该大厦因在建设中采用了新的滑模施工技术，创造了三天一层楼的"深圳速度"而闻名全国。

深圳国际贸易中心大厦是由全国各省市集资兴建的一座供开展对内对外经济贸易活动的大型城市综合体。建筑用地2公顷，总建筑面积约10万平方米，内含办公、购物中心、酒家等内容。第49层为450个座位的旋转餐厅，近6米宽的旋转平台每小时旋转一周。屋顶为直径26米的直升飞机停机坪。主楼北立面的三部观景电梯可从首层直达顶层的旋转餐厅。

深圳国贸大厦具有现代主义的建筑风格，空间组合依照各种功能的不同要求显得十分严谨，理性化的柱网和筒中筒的结构体系，使办公空间变得非常灵活。主楼突出的八字型凸窗形成的竖线条与裙楼 3 层高的大片茶色玻璃幕墙相呼应，外墙镶嵌银白色铝板，形成高耸挺拔的主体。160 米高的主楼与 150 米长的 4 层弧形裙楼，构成垂直体量与水平体量的强烈对比，互相衬托。主楼顶部的旋转餐厅与裙房上飞蝶状的歌舞厅相对应，取得了构图上的均衡。整个建筑的造型是在一个横向舒展平远的基础上、竖立挺拔的方型塔楼，格调简洁，主题突出，体现了现代建筑"一元论"的设计思想。

深圳国贸大厦主塔楼与圆形的商场之间是一个光亮的中庭。这是一个很好的"波特曼"空间，面积达 1400 平方米，顶部是用于采光和通风的天蓝色玻璃顶，形成具有浓厚生活气息、阳光明媚、四季常青的幽雅庭园，也是来往人流集散的场地，又能起到缓冲调节室内外气候的作用。中庭东西两侧有逐层扩大的悬挑回廊和错落的半圆形挑台，在栏板外侧设有花台种植花卉，中庭水面设有随音乐变化而喷射不同花色的音乐喷泉，整个空间生机勃勃。靠圆厅的一侧，设逐层上收的休息厅，二层休息厅还架栈桥与东侧回廊相通，构成了层次参错、形体变化的空间。中庭在水平层次分隔的购物中心的中部打开一个垂直变化的动态空间，封闭的顾客通过这个空间在中庭内视觉交叉，四通八达，真正达到了共享空间的目的。这种源于太平洋彼岸的共享空间，因为适应岭南的气候特点，而大受珠江三角洲建筑界的青睐，在许多大型城市综合体中都能看到它的踪影。

舒展的裙房、高耸的塔楼、顶层旋转餐厅、直升飞机平台、外置观景电梯，以及共享空间等已成为珠江三角洲现代建筑中的一种常用手法，除深圳的国贸大厦外，从广州的花园酒店、深圳的香格里拉大酒店到 20 世纪 90 年代末的深圳彭年广场，以及珠江三角洲其他城市的许多重要建筑都采用这些手法来体现建筑本身的现代性。

深圳香格里拉大酒店即原深圳亚洲大酒店[28]（图 3-14），由广东省建筑设计研究院设计，建筑主要设计人为王云龙、曾捷等，结构主要设计者为中国工程设计大师容柏生。该大厦 1988 年建成，是深圳的标志性建筑之一。

深圳香格里拉大酒店位于深圳火车站前广场北侧，建筑面积 62500 平方米，共 33 层，总高 114 米。内含 605 间豪华客房及中西餐厅、银行、购物中心、大小宴会厅、酒吧、咖啡厅、屋顶花园、游泳池、桑拿浴室、健身房、美容室、室内庭园，等等，是一座综合性的具有国际一流水准的大型五星级酒店。

深圳香格里拉大酒店同深圳国贸大厦一样采用了塔楼、旋转餐厅和观景电梯三个流行的要素，具有现代主义的建筑风格。与国贸大厦不同的是香格里拉大酒店塔楼平面呈"Y"字型，这种平面形式利于通风采光，适应珠江三角洲的气候特点。三翼之间为茶色玻璃形成的竖向线条，三翼的端部都采用白色混凝土实体墙面，虚实对比之中，显出建筑的挺拔。在"Y"字的核心顶端以一个倒置的圆台形旋转餐厅结束，显得自然、贴切、符合结构的逻辑性。大厦的裙房采用黑色磨光的花岗石饰面，端庄稳重，与上部的茶色基调十分协调。裙房顶上的中国式园林，别有洞天，黄色琉璃瓦的庑殿顶、歇山顶、盝顶，以及短墙、漏窗、小亭使人感到了香格里拉大酒店在现代建筑外观下的地域文脉。在这里两种建筑文化发生直接碰撞，显得十分生硬，这是岭南文化中多元共生特性的表征之一。

1998年12月《人民日报》华南人杰栏目在介绍容柏生先生时，曾提到亚洲大酒店设计过程中的一个有趣现象。1981年，开始设计深圳香格里拉大酒店时，多种外观设计方案都不能令人满意，容先生依据该酒店的特点干脆首先拿出了结构方案，将高达

图 3-14（下左）
深圳香格里拉大酒店

图 3-15（下右）
广州世界贸易中心

114米的建筑分成六个钢筋混凝土巨框，每个巨框都是受力单元，极大地方便了建筑平面的布置。并且六个单元还可同时施工，在有利加快施工进度的同时，又给了建筑师极大的想像空间。这种先结构后建筑的设计程序虽有悖于常规，但也说明一座大型建筑的设计得仰仗各设计工种的通力合作，片面地讲某人设计了某大型建筑并不十分合适。当然主要人物在整个设计中所起的关键作用是不容忽视的。

广州世界贸易中心大厦[29]（图3-15）位于广州市环市东路北侧，与白云宾馆、好世界广场、花园酒店和合银广场以及附近的广东国际大厦、假日酒店、国际电子大厦共同构成广州的环市东路高层建筑群，成为广州现代的商业中心。

广州世界贸易中心是一幢为对外经济贸易服务的综合楼，包括办公、洽谈、展览、商场、娱乐等场所。由广州珠江外资设计院设计，建成于1991年。该大厦占地6900平方米，总建筑面积96000平方米，世界贸易中心由30层的南塔楼（高99.10米）和34层的北塔楼（高117.1米）构成，塔楼顶部设有直升飞机停机坪，两个塔楼的平面都为三角形。裙房共7层，用作各种商业服务设施，底座为跨越15米宽的城市交通隧道。

广州世界贸易中心大厦具有高技派的设计风格，直接体现新材料和新技术的美学价值。南北两个塔楼是两个大小不同、高低有异的正三棱体。三棱体的三个面都是浅蓝色的钢化镀膜全框装配式玻璃幕墙。三棱体的三个顶角扩大为巨大的圆柱体，内设疏散楼梯，圆柱体表面采用铝合金喷涂帷幕，闪烁着金属的光泽。圆柱的"实"与玻璃幕墙的"虚"形成强烈对比。圆柱与大片幕墙之间自下而上虚实相间的构图，既能产生极强的韵律，又完成了整个立面"虚"与"实"之间的过渡。高技术的精湛和机器的美在这里得到了充分的体现。

玻璃幕墙曾在"密斯风格"的高层建筑中风靡一时，20世纪80年代由于造价昂贵，能源消耗大，玻璃幕墙进入了发展的低谷。但随着技术的进步，钢化玻璃、中空玻璃以及镀膜技术的进步，玻璃的隔热性能和强度都有了很大程度的提高。玻璃幕墙在抗风、抗震、抗温度应力、防火、隔热、抗渗、隔音、防雷、水密性、气密性等方面的指标也大大提高。这时玻璃幕简洁明快的效果，将城市环境反映在幕墙上，表现出建筑与环境共生存的特点再次受到建筑师的青睐。80年代后期以来，香港建造了大量的玻璃幕建筑也对珠江三角洲的建筑产生了很大的影响。广州世界贸易中心的立面材料选择正是在这样的大背景下。全新的既能抵御各种自然破坏力、又适应当地气候特点的玻璃幕墙,使广州世界贸易中心形成了精美的高技派的建筑形象。

广州好世界广场大厦[30](图 3-16)是广州珠江外资设计院(又名珠江实业总公司设计院)的另一个力作,主创人员有黄汉炎、叶富康、周展开等人,他们都曾参加广州贸易中心的设计。大厦建成于 1996 年。

广州好世界广场地处广州环市东路最繁华的地段,东临花园酒店,北有白云宾馆,东北斜对面是三棱体的广州世界贸易中心大厦。从前面的分析中可见,这几幢具有标志意义的建筑分别建于不同的年代,共同具有现代建筑的风格,现代建筑各个阶段的发展都在环市东路这个自由形态的广场中得到了展示。好世界广场与广州世

图 3-16
广州好世界广场

界贸易中心一样同属于晚期现代建筑中高技派的建筑风格。好世界广场总建筑面积 54165 平方米,地下 3 层,地上 33 层,总高度为 116.3 米。地下负 3 层为设备层,地下负一、二层为商场,地面一、二层为大堂入口及商场,3~8 层为车库,9~33 层为办公楼。好世界广场的平面布置与其竖向功能分配一样也与众不同,垂直交通不是形成中间的核心筒,而是采用了偏置垂直交通系统的不对称的办法,使车库和商场的空间变得更加灵活。车库放在楼上,垂直交通系统偏置等做法,为商家赢得了大量的利益,而这些做法都仰仗了采用的新的结构技术。

我国即使在 20 世纪 90 年代高层建筑的材料选择及结构体系的革新仍处在较为落后的状态。结构中仍然普遍使用 3 号钢和 C30、C40 混凝土,而强度较高的 C50、C60 混凝土尚未得到普及应用,其结果在建筑中常常出现截面面积过大的墙柱结构体系,使用不便,也不经济。好世界广场的结构采用了钢管高强混凝土新技术。钢管高强混凝土结构具有延性好、强度高的性能,柱的断面可大大减小。33 层的好世界广场柱网达 8200 毫米×7600 毫米,钢管高强混凝土柱的断面仅为 800 毫米,个别地方也只有 1200 毫米,为商场、车库

和写字楼提供了更加便利的空间。对于好世界广场这种将垂直交通偏移的结构体系，若用一般混凝土标号的钢筋混凝土结构，柱的截面会达到1800毫米×2000毫米。好世界广场是全国第一家在高层建筑中成功地采用钢管高强混凝土框架和剪力墙协同作用的结构体系的建筑。钢管高强混凝土柱的优点归纳起来有五点：①承载能力大大提高，比普通C30、C40混凝土柱的承载能力提高2～3倍，比高强混凝土柱（钢筋在柱内）承载能力提高1～2倍，同等承载能力的情况下，柱截面可减小1～3倍；②重量轻、延性好、耐疲劳、耐冲击，有良好抗震性能；③因为钢管在外包着高强混凝土，所以钢管可兼作模板和钢筋之用；④安装和浇灌混凝土十分简便；⑤钢管高强混凝土柱为逆作法施工创造了良好条件。在施工中将预制钢管埋置在负标高最低位置的基础上（一般为负三层以下）。从地面上管口浇灌混凝土后即成为有强大承载能力的钢管高强混凝土柱。由于钢管柱已立至正负零地面，此时可按要求布置地面上楼层的施工，当地面上楼层升至一定高度后，再行组织地面下楼层的施工，如挖土、浇灌梁板混凝土等。这样，地面上的楼层施工和地面下楼层施工可同时进行，大大缩短了施工周期，对节省投资和提高建筑面积的有效使用率都十分有利。广州好世界广场是一栋地面上33层，地面下3层（负13米）的高层建筑，地面上建至28层时，地下室土建工程全部建造完毕，采用逆作法施工，节省了6个月工期，还增加了使用面积，节约了水泥和总造价。钢管混凝土柱较麻烦的地方就是要做防火层，现在已有泡沫喷涂防火材料，亦属简便。90年代珠江三角洲的许多高层或超高层建筑都普遍采用了钢管高强混凝土柱新技术，合银广场、翠湖山庄都是成功使用这项新技术的典例。

广州好世界广场的高技术含量除了钢管高强混凝土柱外，它还是广州的第一座具有高智能系统的大厦，内设先进电梯、空调、消防、通讯、保安系统。空调和用电，各户设独立计费装置，按客户实际耗用电量及冷量自动计费，各设备系统均由电脑自动管理和监控，特别在电讯方面设置电话、电传、电子邮件、电话图像传真、电脑、金融信息等先进通讯设备满足国内外大企业集团使用。

广州好世界广场的外观处理手法与广州世界贸易中心基本相同，突现了讲究精美准确的高技派风格，只是好世界广场比世界贸易中心的细部做得更加仔细，令路人惊叹其技术的精湛。车库在3～8层，其外墙采用白色铝合金喷涂板形成水平线条，作为整个大厦的基座，外观敦实厚重。8层以上绿色玻璃幕墙为主，强调横向的分格。两侧垂直交通的外墙突出其实体的效果，楼梯摹仿南方常用户外楼梯的做法，突出楼梯结构的线条，休息平台做成圆弧。无论是铝板还是玻璃幕转角处都处理成小圆角。车库的带形窗不做明显的金属分格，镀膜玻璃前后退进，显得十分精美。简洁白色的基座、明快的绿色玻璃幕墙与丰富而有岭南特色的圆弧实体形成对比，使整座不对称的高层建筑显得简洁、活泼、明快、挺拔，具有新时代的特色。

中国市长大厦和大都会广场[31]（图3-17）由华南理工大学建筑设计研究院设计，何镜堂先生主持设计，主要合作者有：冼剑雄（何先生的研究生）、李绮霞、张庆令。该工程1995年建成，1998年获建设部优秀设计二等奖。中国市长大厦和大都会广场位于广州天河区中轴线附近，与中信广场、潮汕大厦共同构成广州新的高层建筑中心。该工程由两个部分组成，一个是48层的大都会广场，另一个是28层的中国市长大厦，通过3层商业裙房组成一个高低错落、进退有致的建筑群。用地面积9207平方米，总建筑面积90900平方米。

大都会广场与市长大厦，从

图 3-17

a. 中国市长大厦和大都会广场（上）

b. 古典柱廊（下）

建筑风格上分析，基本上是一座体现钢与玻璃之精美的现代建筑，颇具密斯风格，但为了打破国际式的方盒子，在顶部收为金字塔形，使建筑主体成了莫伯治先生所说的方尖碑式的"后引"建筑。在立面处理上借鉴了美国建筑师 Paul Rudolph 关于以 120 英尺划线解决立面处理的精细与概括问题的理论，基本上在 120 英尺以下，采用令人亲切、加工精细、细部也较丰富的面材饰面，还在这个高度范围内，以经过提炼的古典塔斯干柱廊在大厦的入口处围成一个马蹄形的广场，给人亲切的感受，也迎合了岭南人崇尚欧洲古典建筑风格的心理，同时与上部简洁、光亮的金色玻璃幕墙形成强烈对比。事实上，这是一座多元融合的建筑，以密斯风格的现代主义为主，古埃及的金字塔、方尖碑及古典的塔斯干柱式融合其中，具有强烈的时代气息和文化内涵。

在总平面布局上，大都会广场和市长大厦体现了对城市环境的尊重，在场地的东南面做出一个凹进的马蹄形广场，形成两座大厦的人流集散中心，显示了对城市环境的谦让，这与中信广场主楼临街开门、咄咄逼人的做法相比略胜一筹。

广州国际中心大厦即潮汕大厦[32]（图 3-18）位于广州天河区的中轴线附近，东临中信广场，西临市长大厦，位置十分显要。该大厦占地 6032 平方米，总建筑面积 69331 平方米，地面以上 42 层，地下 2 层，总高 166.6 米，是一座集潮汕产品展销、商住、办公为一体的超高层建筑。

广州潮汕大厦由广东省建筑设计研究院设计，设计总负责人邝伟权。潮汕大厦 1996 年建成，并以其合理的功能、优美的造型、低廉的造价获得了广东省 1999 年优秀设计一等奖。

潮汕大厦是一座把现代建筑中勒·柯布西耶的带形窗与密斯·凡德罗的玻璃盒子相结合的建筑。与两侧的中信广场和市长大厦相比，构图相对丰富、复杂，也就显得更加细腻、耐看。色彩也较明快，在蓝灰色的中信广场与金黄色的市长大厦之间十分醒目。在竖直方向上强调重复的韵律感，为避免过分单调，在避难层处镂空，暴露结构。顶部倾斜向上，以并列的双天线结束，达到高潮。水平方向由东向西分成三个部分，光洁明亮的玻璃幕墙与白色的实体墙面之间，是相对通透的带形窗，由虚向实逐渐过渡，产生一种节奏感，"建筑是凝固的音乐"在这里得到了体现。

深圳深房广场[33]（图 3-19），是由深圳经济特区房地产（集团）股份公司独资兴建、自行设计的全国第一座智能式 4A 型综合性商业大

图3-18（上左图）
广州国际中心大厦

图3-19（上右图）
深圳深房广场（引自《深圳名厦》）

厦。所谓智能大厦是指楼宇自动化(BA)、通讯自动化(CA)、办公自动化(OA)和安全自动化(DA)。智能大厦就是应用人工智能技术和多媒体技术进行信息交流，向用户提供大量的商业信息和先进的商务活动决策机制。

深房广场位于深圳人民南路，占地面积8164平方米，总建筑面积126000平方米，共53层，楼高176米，集商业、金融、办公、餐饮、娱乐为一体。楼顶在两个圆柱的顶端分别设有直升飞机停机坪。追求精美主义的深房广场造型十分独特。两个巨大的圆柱体紧密相连，连接部位的中间设观景电梯，显现出鲜明的个性。其构图手法运用了格式塔心理学的图底理论。格式塔心理学认为：知觉印象有组织起来的趋势，呈现为具有某一种意义的图形，同时，图形和背景形成一个知觉场，并互为图底关系。图形作为知觉的对象位于背景之中，图形和背景共同构成一个整体而相互影响，图底互换会产生截然不同的知觉效果，如鲁宾的"杯图"，若以黑色为底，看到的是一只杯子，但若以白色为底看到的就是两个相对的人头。深圳深房广场正是利用了上述理论，一反常规地颠倒"图"和"底"的关系产生了异样的效果，从而突出了自身的个性特征。高层建筑在处理立面的虚实关系时，常常以实墙为底，以虚的玻璃幕为图，玻璃幕及其反射的景物成了视觉中心，构图显得比较稳定，而深房广场主体塔楼则是反其道而行之，以通透、质虚的玻璃幕为底，以相对密实的白色墙面为图，双向弯曲的带形窗十分突出，产生了极强的韵律。

深圳特区报新闻大厦[34]（图3-20）号称"报业航空母舰"，由深圳大学建筑设计研究院龚维敏等设计，具有文化内涵、时代气息和鲜明个性，应属现代主义理论中强调个性化的建筑。主要的构图手法是用不同的几何形体拼贴碰撞来表现大厦的个性。最大的特点是悬浮在空中的"新闻眼"球体。这是一个12米直径的玻璃球体，内含一个8米高的观景空间，仅由上下两端挂于主体之上。飘浮在空中的这只"新闻眼"，喻示了新闻媒体的舆论监督作用，构成整座大厦的视觉中心。大厦顶部攀升的螺旋，支撑着高耸的"桅杆"，强调了新闻大厦在深圳报界的"旗舰"地位，也使整个外立面的构图达到高潮。

在公共空间设计上，每隔三层设有"空中大厅"，打破了常规办公楼的单调格局，为高空中的人们提供了一个接近自然的休闲、放松、社交的场所及崭新的空间体验。

东莞银城大厦[35]（图3-21）是设计大师郭怡昌先生的作品。用地面积12000平方米，总建筑面积45000平方米，地上29层，地下1层，楼高99米，是一座以五星级宾馆为主、银行为辅的综合性建筑。按照莫伯治先生的理论，这座建筑应该属于"后引"式"外套（Jacket）"型建筑，有一些后现代建筑的倾向。建筑造型处理分为下、中、上三段，下段是以香槟黄色铝板幕实体为主，嵌入深绿色反光镀膜玻璃的裙房呈"八"字型展开，象征大楼对环境和人流的吸纳。中段平面是边长32.4米切去四个角的正方形，作45度扭转呈菱形布置，南北向从20层开始每隔四层退缩一级，逐级上升。与上部玻璃幕墙的上升方向相反，相对厚实的复合铝板幕墙也沿两个方向逐级上升，形成一个

图 3-20
深圳特区报新闻大厦

"外套"，这种构图透出强烈的时代气息。建筑的上段为一个尖塔，是一个经过提炼变形的哥特式样。

银城大厦的标准层为一个正方形，但其核心筒却没有按照常规放在正中，而是适应建筑的需要，靠西边设置，其上托起建筑的尖塔，成为突出的标志。在西边的入口，塔楼未经过裙房的过渡，拔地而起，使这座不足100米的大厦，更显雄奇。

佛山百花广场[36]（图3-22）位于佛山市祖庙路与建新路交汇处，向北300米是代表佛山悠久历史的古建筑群"祖庙"，西面是佛山市的酒店、办公及金融中心，其位置在佛山市十分显要。百花广场主楼54层，高178.45米，副楼20层，总建筑面积100000平方米，是一座集商场、餐饮、娱乐、观光、办公和高级公寓为一体的大型城市综合体。1996年建成后，成为佛山市新一代城市标志，对佛山的城市环境和城市形象产生了很大的影响。百花广场由广东省建筑设计研究院设计，主要建筑师是谭开伟等。

佛山百花广场受现代主义建筑中讲究精美的倾向影响，通体采用同种材料的宝蓝色玻璃幕墙，晶莹剔透，光彩照人。主楼、副楼以及裙房都采用弧形构图，整个建筑群和谐统一而富于变化。以主

图3-21（下左图）
东莞银城大厦（引自《郭怡昌作品集》）

图3-22（下右图）
佛山百花广场（引自《南方建筑》1997.2）

入口、大堂、观光电梯和球形的塔顶为竖向轴线。入口部分的裙房玻璃幕采用向心逐层跌级的手法，强调了主入口。裙房首层、副楼的局部和主楼的设备层，适当暴露了结构柱，金属质感的圆柱在镀膜玻璃幕中若隐若现，打破了大片玻璃幕的单调，丰富了建筑细部。副楼13层到17层向内斜置的大片玻璃幕处是一个适合南方气候特点的空中花园。这个花园吸收了波特曼共享空间的设计手法，营造了接近大自然的室内环境。空中花园上部的斜面反光玻璃，将城市景色引入室内，使内外空间相互渗透，增加了空中花园的趣味性。

广州东峻广场[37]（图3-23）位于广州东风路，像一面飘扬的旗帜，也像一卷展开的画，十分醒目。该大厦1995年建成，由广东省建筑设计研究院设计，主要建筑师是胡镇中先生。胡先生1939年生，广东开平县人，1962年毕业于华南工学院建筑系。毕业后在武汉中南建筑设计院工作多年，1984年调入广东省建筑设计研究院，继郭怡昌先生之后任广东省建筑设计研究院的总建筑师，东峻广场是他的主要代表作。东峻广场的施工图设计由广东省建筑设计研究院与香港兴业建筑设计公司合作完成。东峻广场用地面积14000平方米，总建筑面积128000平方米，地上36层，地下2层，建筑总高136米，是一座集商贸与公寓式写字楼为一体的超高层建筑。

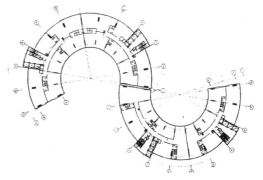

图 3-23
a. 广州东峻广场（上）
b. 东峻广场标准层平面（下）

东峻广场具有新古典主义的建筑风格，细部处理多为比例准确的古典建筑符号。在总体布局中，抛弃裙房加塔楼沿主干道一字排开的习惯做法，避免了单调乏味、封闭压抑的建筑形式。选用两个半径27米的圆形相加，组成裙楼。四层以上将两个圆各切掉一半，形成流畅的S型形体，外观飘逸柔美。裙楼中有一个30米直径的圆形共享空间，上设一个拱形采光顶棚，在室内向上仰视，可透视半圆柱体的主塔楼形象，协调柔美，室内外空间有一个沟通。中庭内圆构图的柱网、圆拱形的围廊，再加上涌泉流水和不断运转的自动扶梯，形成充满动感的空间，视觉上的愉悦在很大程度上提高了建筑的艺术价值。立面处理上针对平面上的四个楼梯间，因势利导以实墙面的竖线条把主体建筑分为四段，在以横线为主的格局中有所突破。四个楼梯间的顶和底部都采用古典的构图，赋予了这座建筑新古典主义的特征。裙房以实体为主，面料以石材为主，使建筑显得坚实稳固。由于裙房接近人体，因此，细部精工雕琢，精致耐看，这是珠江三角洲大型公共建筑设计中的一种普遍的处理手法。东峻广场的裙房也采用了这种手法，大厦顶部玻璃幕墙贯通数层，每块幕墙顶均为古典的弧线，以此形成重复韵律之后的一个高潮。

东峻广场的形体在超高层建筑中十分少见，其结构设计的难度可想而知。为了取得复杂形体在风荷载情况下的计算参数，曾特别做过详细的风洞试验。若不是追求特殊的商业利益或奇特的个性，并拥有雄厚的经济实力，这类形体在超高层建筑中应当慎用。

图 3-24
广州建银大厦

广州建银大厦[38]（图 3-24）位于广州东风中路，1998 年建成，由广东广信建筑设计院设计，占地 5930 平方米，总建筑面积 95907 平方米，地上 47 层，地下 4 层，最高点 208 米。该大厦是中国建设银行广州分行的业务大楼，内含银行、证券大厅、会议中心、新闻发布中心、业务办公等设施。

建银大厦抛弃了国际式玻璃方盒子式的现代主义建筑做法，具有一定的后现代建筑的倾向。顶部对古典建筑的符号进行提炼，变形成为这座大厦的制高点。中部采用递次上升的格局，事实上是一种变形的方尖碑做法，5 层裙房以花岗石饰面，与上部光洁的玻璃和铝板幕形成对比。针对主体逼近城市干道，不便组织人流的问题，借鉴岭南建筑中骑楼的做法，从地方的文脉中找到了解决问题的办法。裙房的细部做得十分大气，构件都是经过提炼的古典建筑的符号，新的符号形成新的语汇，产生了大厦自身的特色。

发展商在征用这块地后，用了十几年的时间拆迁，花费了大量人力物力，因而要求这座大厦产生最大的经济效益。在这种背景下，大厦仍为客户着想，首层不设营业柜台，而为客户休息和交流的场所。在高4层的共享空间两侧装有自动扶梯，银行及证券业务在二、三、四层开展，共享空间的各层中布置颇有文化层次的艺术品，使人一从喧哗的室外进入室内，就感到高大宽敞且具文化艺术内涵的空间魅力，感受到建设银行的实力和对客户的尊重。

值得一提的是，建银大厦又是将内设垂直交通系统的核心筒偏置，而不是居中设置，这样大大增加了平面使用的自由度。在国外，KPF事务所经常采用这种做法，珠江三角形洲的高层公共建筑采用这种做法的例子也十分多，基本上形成了一种常用设计手法。

广州铁路东站[39]（图3-25）位于广州天河区的中轴线北端点，在这条轴线上，由北向南排列着广州城市天际线上的制高点中信广场、舒展平远的广州体育中心、广州天河城及珠江新城规划中的二幢100层以上的大厦；东站周围簇拥着广州市长大厦、潮汕大厦以及正在施工的中水广场、中泰广场、天王中心、邮电大厦等超高层建筑。显要的地理位置使广州东站既是广州的门户，又置身于新的城市中心。广州铁路东站是华南地区20世纪90年代末规模最大、功能最复杂的铁路交通综合枢纽站。它包括广九直通车站，国内铁路交通

图 3-25

广州东站（引自《郭怡昌作品集》）

及地铁终点站，广州市公共汽车站及近郊公共汽车站等，是我国第一条准高速铁路广深准高的起始站，也是我国重要的对外陆路通道广州至香港九龙铁路的口岸站，担负着广深广九铁路近期 42 对、远期 55 对列车的始发及终到任务，建设规模十分宏大。车站总占地 13.2 公顷，总建筑面积达 494000 平方米，主站房长达 314 米，车站主楼分别为 42 层的写字楼和 47 层的酒店，建筑总高 198 米，是当前亚洲地区最高的现代化火车站。

作为一个地上地下公路铁路融为一体的大型交通枢纽，广州铁路东站的人流车流组织有其独到之处。车站广场是人流车流集散的中心，该广场高架 6.7 米形成三个层面的立体交通，地下接广州地铁一号线，首层组织车辆交通及火车旅客出站，3 万多平方米的高架层为步行广场及进站口。三个层面之间以斜道、自动扶梯、楼梯、电梯相连，方便旅客集散。

两座超高层塔楼屹立在宽阔的步行广场上，面向来客围成折线半圆形，中间是车站的进站主入口。两座大厦的上部由一个横向构件相连，形成宏伟的大门，隐喻了广州东站作为广州城市之门和祖国南大门的地位。主楼的外部造型采用高技派的设计手法，以浅灰色的花岗石为基座，塔身用玻璃幕墙与铝合金板作三角分割，若干三角形构图重叠向上。塔楼顶部向心倾斜，形成一种动势，突出了交通建筑的特征。

广州铁路东站的进站大厅是旅客进入车站的第一个室内空间，这是一个 3 层楼高的圆形共享空间，上部采用半球型蒲公英状的玻璃穹顶，40.8 米直径的单层螺栓球连接的钢结构网架为国内首创。阳光导入中庭，30 米高的大厅顿生光辉，室内外恍如一体。

广州铁路东站由广东省建筑设计研究院设计，方案由设计大师郭怡昌先生完成，项目设计总负责是陆琦博士。车站站房于 1996 年竣工，并投入使用。

珠海机场候机楼[40]是珠江三角洲又一座大型交通建筑。按一级民用机场进行总体规划。机场位于离市区 30 公里的三灶岛上，占地 10 平方公里，设计年飞行量 10 万架次，年旅客吞吐量 1200 万人次，年货邮吞吐量 40 万吨。规划停机坪 60 万平方米，拥有国内最长的 4000 米×60 米国际标准跑道一条，可使用 B747 飞机直航美国。拥有 21 个机位（远期 40 个），配备世界一流的导航、行李分检及各种运输设备。候机楼总面积 91600 平方米，楼前广场停车面积 20 万平方米，可停车 5000 辆。

珠海机场 1992 年开工，1995 年正式通航。机场候机大楼由华南理工大学建筑设计研究院设计，主要设计人有陶郅、王加强、汤朝晖等人。珠海机场候机楼是一座现代主义的建筑，设计构思首先是从满足功能的需要出发。平面采用平行双指廊的布局，分国际指廊和国内指廊两个部分。人流组织是首层为到港旅客流程，二层为出港旅客通道，用自动扶梯与首层到达流程相接。宽敞的候机大厅内，引入室外广场的做法，种植高大的棕榈和小灌木，具有浓郁的南方特色。立面处理舒展平远，严格对称，局部暴露出网架结构，透出现代建筑的气息。候机楼采用了多种新技术，其中梁板均为无粘结预应力结构，既节省投资，节约空间，又加快了工期。

珠海机场的规模令人振撼，与珠海特区建设中的超前意识不无关系，但这种过度的超前又适逢东南亚经济进入低潮，珠海机场的综合利用率与设计建成的实际处理能力相比，直到 1997 年只达到 6.15％。珠海特区为建珠海机场，曾将 23 个重点项目停了 19 个，付出了沉重代价，按香港有关机构的测算，珠海机场的总投资当在 80 亿港币以上，如此大的投资，如此低的利用率，是珠江三角洲建设超前过度的一个例子。

图 3-26

广州友谊商业大厦

广州友谊商业大厦[41]是一座十分别致的建筑，处在广州环市路众多高层建筑之中，显得特别优美（图 3-26）。这座 15 层的大厦由林兆璋先生设计，是在全国著名的广州友谊商店基础上的扩建工程，不用豪华的材料，不作多余的装饰，利用几何形体的对比和穿插，构成优美的造型，轻巧的圆柱顶天立地，赋予了这座建筑个性特征。这是一个深得现代建筑理论之精髓的作品。

广州天河体育中心[42]（图 3-27）是珠江三角形洲最具代表性的体育建筑，为 1987 年 11 月在广州举行的第六届全国运动会而建，占地 54.54 公顷，建筑面积 12.47 万平方米，1987 年建成。天河体育中心由广州市建筑设计研究院设计，主要建筑师有郭明卓（建筑总负责）、余绍宋（体育场）、黄准（体育馆）、陈田贵（游泳馆）。曾获 1988 年广东省优秀设计一等奖和 1989 年建设部优秀设计一等奖。

图 3-27
天河体育中心鸟瞰图

　　天河体育中心位于广州市天河区的中轴线上，是该轴线上的第一座建筑，以后的中信广场和广州火车站以及天河城，使这条轴线逐步形成。天河体育中心主要由体育场、体育馆、游泳馆三个部分组成。体育场位于正中，长轴南北向，建筑面积 65651 平方米，高 32.7 米（雨篷后端最高点）。场地按大型国际田径及足球等标准要求设计，东西看台雨篷悬臂跨度达 25 米，可遮盖 50.88% 的看台座位，观众席可容纳 6 万观众。其位置与体量决定了体育场是体育中心最重要的建筑。

　　体育馆位于体育中心的西南角，建筑面积 22242 平方米，高度 30 米，能举行篮球、排球、手球等球类及体操、技巧等项目的国际比赛，并可举行大型文艺演出，最大观众容量为 8600 人。

　　游泳馆位于体育中心的东南角，建筑面积 21747 平方米，高度 31.5 米，供游泳、水球、跳水及花样游泳等项目的比赛及表演用。游泳馆是一个相当复杂的项目。比赛厅有一个 21 米×50 米的 8 泳道游泳池，水深 3.1 米，终点有触板计时装置。还有一个 21 米×25 米的跳水池，水深 5.5 米。有 2 台供运动员上跳台的液压电梯。两池均有若干个水下观察窗，供教练观摩和新闻报道使用，设有水下照明灯，音响设备也位于水下，因为如果把音响设备装在水面上，当花样游泳比赛或表演时，音乐传至水面经折射产生变化，会使运动员与音乐难以合拍。为避免大面积水面静止时的反光对跳水运动员产生不利影响，两池均装有机械振动扰动装置，使水面产生微澜而不致反光。池水水质过滤消毒采用臭氧循环处理,而不是采用传统的液氯消毒,有利运动员的健康。游泳馆采用空调系统,夏季送冷风,冬季池水加热至25℃,水池上空温度保持27℃,以防平顶和墙面结露。看台分区送风,可分别调节。为解决馆内回声问题,平顶、墙面均采用特制微孔铝板吸声体,立体桁架暴露下弦及部分腹杆,做单体倒锥形平顶,以增加吸声面积,并构成具有雕塑感的多棱平顶。

天河体育中心吸收现代建筑的设计理论,重视功能在设计中的决定性作用,建筑的外观造型都服从其功能的特殊需要。体育运动的功能要求是大空间、大跨度,因此体育建筑的形象应该是粗犷有力。天河体育中心的三个主要建筑都不作任何多余的装饰,刻意体现结构的美、清晰地表现力的传递。网架、桁架、巨柱、大块面、粗线条都集中体现了力量的美感。体育场马鞍形的天际线反映了看台视觉设计的特点,并不是建筑师的随心所欲。观众席的支承结构及悬挑的遮阳板,完全暴露在外,重复的韵律中有起有伏,形成节奏的变化,使宏大的建筑显得轻盈、飘逸。体育馆有一个三向钢网架结构的屋盖,跨度达95.76米,荷载3000余吨,全国罕见。支撑如此荷重的大跨度屋盖仅用了6根高度为16米的中空圆柱,外直径3.6米,内设管线,屋檐外挑13.36米,网架边沿围以白色压型板,以粗线条大块面的构图体现了体育建筑的力度。

广州天河城[43]是一个大型的城市综合体,由广州市建筑设计院设计,主要建筑师是郭明卓、陈田贵。大型城市综合体的规模空前巨大,集购物中心、餐饮、娱乐、写字楼、酒店于一体,功能复杂,技术先进,是现代都市生活的缩影。大型城市综合体20世纪70年代出现在日本,以阳光城为标志,80年代出现在香港,以太古广场及时代广场为标志,90年代大型城市综合体作为一种崭新的建筑类型出现在广州,以天河城为标志。广州天河城位于天河区的中轴线上,地理位置十分显要。天河城规模巨大,在珠江三角洲都十分少见,总建筑面积达336900平方米,包括已经建成并投入使用的7层购物中心和正在建设的39层五星级酒店以及55层写字楼。

天河城购物中心引入美国的Shopping mall模式进行设计,包容了数个大型百货公司和数以百计的小型专卖店,提供不同档次的商品。利用中庭和步行街组织空间,安排为顾客服务的商店、餐饮、娱乐、体育等设施。人流可分三层进入天河城,从地铁车站和过街隧道可进入地下一层商场，从马路人行道可进入首层，从高架人行天桥可通过自动步道从邻近建筑进入二层。北面设有下沉式广场，货车可直接进入地下一层装卸货物，与购物中心主入口互不干扰，形成多层次立体交通。天河城以现代建筑的理论为设计理念，利用简单形体的几何构成体现时代的气息和建筑的形式美。以斜线和八角形作为形体构成的母题，钻石形的酒店和平行四边形的写字楼两座超高层建筑以镜面玻璃和蜂窝铝板相间作简单的水平线条处理，顶部以大面积的实墙面收口。7层裙房购物中心的平面为八角形，四角塔楼的设置和层层退级，使体型十分丰富。天河城的外观设计强调几何构图的理性，不作多余装饰，以其巨大的体量、银灰色的基调，表现出几何形体和现代材料自身的美，从而奠定了作为区域性"地标"的地位。

广州华厦大酒店[44]（图3-28）位于广州海珠广场东侧，是改建后华侨大厦的主楼，高42层，建筑面积59000平方米，建成于1991年。华厦大酒店由广州市建筑设计院设计，主要建筑师是陈田贵、黄淮。受地形限制，华厦大酒店的平面做成不等边的六角形，由此获得了富有变化的立面效果。这是一个坚持现代主义理论的建筑，其最大的特点是体现钢筋混凝土外框架本身的特性，如实地反映窗户与框架的虚实关系，同时对虚实之间的比例作了合理的调整，使结构更显轻盈。具体做法是将宽度2.2米的窗两侧倒角，喷上深色外墙涂料，产生窗被加宽、柱被缩小的感觉，同时在虚实之间有了一个过渡层次，更显丰富耐看。

从20世纪20年代高层建筑在国外刚刚出现时包裹着厚重而与结构毫无关系的古典建筑外衣，到现代一些高层建筑片面追求密斯风格、用玻璃幕遮挡厚实的结构剪力墙，都是弄虚作假无病呻吟的设计手法。这种设计手法与现代建筑的设计理论格格不入。体现结构的逻辑，外形服从功能，正是华厦大酒店设计的成功之处。

图 3-28
广州华厦大酒店

图3-29
广东省政协民主楼
(引自《建筑学报》
1992.10)

广东省政协民主楼[45]（图3-29）位于广州市五羊新城南侧，是供广东省政协和省民革、民盟、民建、民进、农工、致公、九三、台盟等八个民主党派以及省台联、省黄埔军校同学会的办公用综合楼。建筑面积14074平方米，地上8层，地下1层，1989年建成，由广东省设计院设计，主要建筑师是郭怡昌先生。

政协民主楼是现代主义中追求个性化的建筑。大楼平面呈蝶形，波特曼空间贯通整个大楼，沿此共享空间周边，布置办公用房，暴露在中庭内的两个电梯井处理成圆柱体，外饰浮雕，直通中庭的采光天棚，使此中庭独具特色。外墙转角处均倒成圆角，减弱了面的界线，产生令人愉悦的视觉效果，最具特色的是顶部超尺度的镂空构架，丰富了仰视的空间构图，颇有KPF的设计特色。

广州新中国大厦[46]位于人民南路与十三行路的交汇处，紧邻南方大厦。广州十三行路自清初以来作为对外通商口岸名扬四海，商业贸易繁荣之极，三百年不衰，建筑形式具有西洋风貌。正是这个地域的特征，决定了新中国大厦采用了新古典主义的设计手法。

广州新中国大厦是集商业、金融、餐饮、娱乐、办公、酒店于一体的综合性大型商业大楼。大厦占地9542平方米，地上48层，地下5层，楼高205.7米，总建筑面积17万平方米，由广东省建筑设计研究院设计，主要建筑师是胡镇中、孙礼军、赵伟成。

新中国大厦采用严格对称的平面布局，立面在竖向节节收缩，以罗马的半圆拱券为母题，重叠三层有罗马水道的风格。裙房四周经过化简的罗马柱廊，以及古典的女儿墙檐口及装饰线与现代的高级装饰材料花岗石、玻璃幕、复合铝板等组合成一幅具有时代精神的生机勃勃的新古典主义画卷。

新中国大厦的结构采用了钢管高强混凝土技术及逆作法施工工艺，这些都是20世纪90年代珠江三角洲超高层建筑中常用的新材料、新技术和新工艺。另外，新中国大厦还采用了日益完善的智慧型自动化系统，在大厦的十三层布置了计算机主机房，在屋顶一层布置了卫星通讯机房，在大厦的每层核心筒处布置了综合布线的竖向管井，等等。

广州中旅商业城[47]（图3-30）是一座十分典型的新古典主义建筑。如果说，广州东峻广场和新中国大厦的古典符号都是与现代材料融为一体的话，那么中旅商城则是古典主义与现代主义设计风格的直接碰撞，没有渗透，没有穿插，两种设计手法连接得十分生硬，就像在纯粹的古典建筑中部贴上一块光洁的镜面玻璃。这种特殊处理的鲜明个性是新古典主义建筑中一种另类的设计手法。

深圳农业银行大厦[48]（图3-31）位于深圳解放西路口，与深圳金融中心和深圳发展银行大厦相邻，可说是处在深圳的"银行一条街"

图3-30
广州中旅商城

上。1989年破土动工，1993年竣工，建筑面积25000平方米，共27层，楼高106.8米，由华东建筑设计院设计。

深圳农业银行的设计风格具有后现代主义的倾向。建筑外观分为三段，不规则的裙房没有中心，圆形部分和主要入口，主次不明。这是一种二元论的设计手法。圆弧墙面斜切一刀，是裙房与众不同的特征。中段以方形小窗为主，中轴线上方窗略大，四个转角各切一刀，都在上部露出构架，完全不理会结构的逻辑性。顶部十分丰富，是古典建筑符号演绎而来。中部剖开似开口的山花。整个屋顶的造型隐喻一个"金"字，暗示了该大厦金融机构的性质。

深圳深业中心[49]（图3-32）又是一座后现代主义的建筑，位于深圳的"地王"金三角，与发展银行大厦相邻，34层，高155米，总建筑面积73500平方米。这是一座新颖独特、华丽大方，集商贸、金融为一体的现代办公大楼。

深业中心以宝蓝色为基调，立面轴线和裙房的色泽趋近黑色，裙房银色的立柱时隐时显，顶部金色的徽记和外露的网架在宝蓝色玻璃幕墙的映衬下十分醒目。在形体构成方面，裙房相对复杂，略显零乱。中部为若干棱形的拼接，利用光影的变化，使其丰富多变，

图3-31（下左图）
深圳农业银行

图3-32（下右图）
深圳深业中心

立面中轴上的黑色块体不合常规的上大下小，产生了悬念。顶部层层上收，以一个变异的金字塔收口，三角锥的不锈钢网架套在玻璃金字塔以外，成为这座大厦令人过目不忘的一个重要特征。

深圳海王大厦[50]坐落在深圳南油大道与创业路的交汇处，是一座独具特色的现代建筑。建筑面积64000平方米，由一座28层全海景办公楼和一座32层住宅楼组成，由机电部深圳设计院设计。海王大厦的设计颇具新意，两匹奔马和一尊海神的重型铜雕分别在办公大楼的两侧破壁而出，世所罕见。办公大楼简洁明快，侧面高耸的红色构架和上部暴露在外的巨型桁架，有些许高技派的设计手法。裙房十分独特，高达18米的天池水幕把屋顶花园与立体广场连为一体，互相渗透，成为这座大厦的另一个特征。

珠海九洲港[51]（图3-33）是珠海重要的交通建筑。珠海港港池面积84平方公里，海岸线长70多公里，可建万吨泊位200个。珠海港到广州的广珠铁路一旦修通，加上连接香港的伶仃洋跨海大桥的建成，将横贯经济发达的珠江三角洲，连通大西南，连通粤东西，连通港澳，连通全国，成为国际航运中转基地。经过几年建设，现珠海港已经初具大港规模。九洲港是珠海港中的一个重要部分。珠海九洲港是一座现代主义的建筑，具有鲜明的个性特征。外观像一只展翅的海鹰腾空而起。中间的构架采用雕塑的手法简洁有力，形成建筑的视觉中心。围绕这个中心，两侧实墙向下倾斜，产生一种上升的动势。女儿墙和阳台出檐很深，各向不同方向倾斜，使带形窗显得狭窄、平远。中间的蓝色玻璃幕，做成钻石状，晶莹剔透，打破实面的沉闷，喻示了海港的特征。九洲港邻海立面与临街立面基本相同，无论从哪个方面看

图 3-33
珠海九洲港

去,都有良好的视觉效果。

广州宜安大厦[52]和广州亚洲大酒店(图3-34)都吸纳了现代建筑分支中粗野主义的设计手法。和粗野主义的代表作相比,广州的这两座大厦没有采用毛糙的混凝土,而是采用光洁而精致的面料,但其体量的庞大笨拙、设计手法的简洁粗犷与二战后的粗野主义有神似之处。宜安大厦进深与面宽基本相等,体形粗重厚实,顶部超尺度的巨型构架都不足以与之相配。广州亚洲大酒店由大尺度的几何块体拼接组合,顶部旋转餐厅的四角高耸粗状的钢针,外形酷似卡通片里的变形金刚。在珠江三角洲推崇轻盈、通透的建筑形象的大气候下,宜安大厦和广州亚洲大酒店这种粗野主义的作品实属罕见。

广州江湾大酒店[53](图3-35)和广州农行大厦(图3-36,前者位于珠江边,后者位于环市路)两座大厦都属于后现代建筑的作品。江湾大酒店实际上是对方尖碑的变形。

图 3-34
广州亚洲大酒店顶部

图 3-35
广州江湾大酒店

顶部嵌入一个巨大的玻璃拱心石，立面轴线就像裂开一道大缝，令人惊奇。塔楼下部深棕色的外墙参差不齐，墙上开小方窗和一些经过变形的罗马圆拱，较为厚重，裙房反而用了轻薄的玻璃幕，处处都是令人意想不到的做法。广州农行屋顶是一个玻璃的古典建筑符号，顶端嵌入一个罗马拱心石的剪影，形成开口的山花。立面中轴也用玻璃在实墙面破开一道裂缝，两边相对厚实的墙面，以小方窗为主，顶部以古典的线角和古希腊的屋顶符号结束，这些都是后现代建筑常用的手法。

广州地铁一号线控制中心[54]（图3-37）是莫伯治先生在20世纪90年代末的新作。该中心是广州地铁公园前站的上部建筑，面积15060平方米，外立面及首层、二层由广州莫伯治事务所设计，其余部分由铁道部第二设计院设计。

广州地铁控制中心是一座解构主义的建筑，在广州如此典型的解构主义建筑仅此一例。解构主义作为一种思潮，在珠江三角洲的建筑界中也有许多研究和讨论，但真正付诸实践者并不多，除海外建筑师在深圳设计的地王大厦外，广州地铁控制中心是解构主义建筑在珠江三角洲的另一个典例。

广州地铁控制中心的外墙被彻底解构，各种几何形体任意穿插、相贯，突出并不遵循传统的构图原理和设计手

图3-36
广州农行大厦

图3-37
广州地铁控制中心

法。色彩也十分跳跃，各种色彩之间没有渐变和过渡，大胆地使用纯蓝、纯黄和红色，尤其是首层黄色的圆柱和螺旋楼梯十分醒目。用材上更是对比强烈，上下五千年的材料都在这里有所表现，来自东莞的红砂石用作首层的实墙面，来自德国的白色外墙涂料和蓝色的搪瓷扣板互相穿插使用在上部外墙。搪瓷扣板的光洁和现代气息

与红砂石的粗糙及古老形成强烈对比。这座建筑体现出如此娴熟的解构主义设计手法，说明莫老在建筑设计领域的探索仍然站在珠江三角洲建筑师的前列。

广州国际电子大厦[55]（图 3-38）位于广州环市路，与假日酒店相邻。这是一座受 KPF 设计手法影响较大的建筑，顶部超尺度的百叶窗状的构图，和镂空的构架以及入口处透出工业技术之精巧的雨篷都是 KPF 的常用手法。KPF 对珠江三角洲的建筑影响较大，广州国际电子大厦是这方面的典例。

本节对珠江三角洲的建筑师设计的 30 多座具有代表意义的建筑进行了分析研究，可见西方建筑理论对珠江三角洲的建筑产生了全面的影响。西方建筑中的各种流派都被吸纳和摹仿。当然影响最大的还是始于 20 世纪初的现代主义建筑理论。功能第一、不加装饰、体现结构和材料自身的美等创作理论适应珠江三角洲经济迅速发展的实际状况，

图 3-38 a. 广州国际电子大厦

图 3-38 b. 国际电子大厦入口

因而大受欢迎，随着经济的进一步发展，"国际式"的单调开始令人乏味，于是后现代主义和解构主义等建筑风格纷纷在珠江三角洲登场亮相。总之，珠江三角洲的建筑师在20世纪最后20年中全面吸纳了西方的建筑理论，并将其付诸实践，这在一个侧面反映了岭南文化兼容外来文化的特质。珠江三角洲的建筑师在广泛吸纳西方建筑理论的同时，一直保持着对本土建筑文化的研究，并在实践中刻意保存民族和地方的特色。这一点将在下一章中作详尽的分析研究。

本章注释

[1]　吴焕加. 百年回眸——20世纪西方建筑纵览. 见：20世纪西方建筑名作. 河南科学技术出版社，1996

[2]　外国近现代建筑史. 中国建筑工业出版社，1982

[3]　吴焕加. 论现代西方建筑. 中国建筑工业出版社，1997

[4]　吴焕加. 论现代西方建筑. 中国建筑工业出版社，1997

[5]　外国近代建筑史. 中国建筑工业出版社，1982

[6]　吴焕加. 建筑与解构. 见：论现代西方建筑

[7]　同注6

[8]　同注6

[9]　同注6

[10]　同注6

[11]　同注6

[12]　广州中信广场的资料引自中信广场设计文件及实地调研。

[13]　深圳地王大厦的资料引自胡建雄《地王大厦》（中国建筑工业出版社，1997.9）。

[14]　花园酒店资料引自花园酒店设计文件及实地调研。

[15]　深圳发展中心资料引自深圳市城建档案馆编《深圳名厦》

[16]　深圳新都酒店资料来自实地调研和《深圳名厦》。

[17]　广州南方电子城资料来自实地调研。

[18]　深圳发展银行、深圳火车站、深圳赛格广场、深圳金融中心等陈世民先生的作品资料引自《时代·空间》（中国建筑工业出版社，1996）。

[19]　深圳彭年广场、蛇口时代广场、蛇口海景广场、蛇口明华海事中心的资料引自《建筑学报》（1992.10）和实地调研。

[20]　该文载于《建筑学报》（1987.2）

[21]　该文载于《建筑学报》（1998.3）

[22]　该文发表在《建筑学报》（1994.4）

[23]　关于郭怡昌先生的资料引《郭怡昌作品集》（中国建筑工业出版社，1996）。

[24]　关于何镜堂先生的资料引自《当代中国建筑大师何镜堂》（中国建筑工

业出版社，1999）．

[25] 何镜堂．我的路．见：当代中国建筑大师何镜堂
[26] 广东国际大厦资料引自广东省院有关设计文件和实地调研．
[27] 深圳国贸大厦的资料引自《深圳名厦》．
[28] 深圳香格里拉的数据引自《深圳建筑》．
[29] 广州世贸中心数据引自广州珠江外资建筑设计院"广州世贸中心设计文件"．
[30] 广州好世界广场数据引自广州珠江外资建筑设计院"好世界广场设计文件"．
[31] 中国市长大厦及大都会广场的数据引自《当代中国建筑大师何镜堂》（中国建筑工业出版社，1999）．
[32] 广州国际中心的有关数据引自广东省建筑设计研究院设计文件．
[33] 深圳深房广场资料来自实地调研和《深圳名厦》．
[34] 深圳特区报新闻大厦资料来自实地调研．
[35] 东莞银城大厦技术数据引自《郭怡昌作品集》（中国建筑工业出版社，1997）．
[36] 佛山百花广场技术数据引自广东省建筑设计研究院有关设计文件．
[37] 广州东竣广场技术数据引自广东省建筑设计研究院有关设计文件．
[38] 广州建银大厦技术数据引自广东广信建筑设计院有关设计文件．
[39] 广东铁路东站资料引自陆琦、郭胜《广州东铁路新客站》（1998．3）．
[40] 珠海机场资料引自陶郅等《珠海机场候机楼》．
[41] 广州友谊商业大厦资料来自实地调研．
[42] 广州天河体育中心资料引自广州市设计院有关设计文件．
[43] 广州天河城资料引自《郭明卓特许一级注册建筑师作品》．
[44] 广州华厦大酒店资料来自实地调研和广州市建筑设计院有关设计文件．
[45] 广东省政协民主楼数据引自《郭怡昌作品集》（中国建筑工业出版社，1997）．
[46] 新中国大厦的资料引自《连续昔日辉煌，更创世代华章》（赵伟成等载于《南方建筑》1998．1）．
[47] 广州中旅商城资料来自实地调研．
[48] 深圳农业银行大厦资料来自实地调研和《深圳名厦》．
[49] 深圳深业中心大厦资料来自实地调研和《深圳名厦》．
[50] 深圳海王大厦资料来自实地调研和《深圳名厦》．
[51] 珠海九洲港资料来自实地调研．
[52] 广州宜安大厦和广州亚洲大酒店资料来自实地调研．
[53] 广州江湾大酒店和广州农行大厦资料来自实地调研．
[54] 广州地铁一号线控制中心资料来自实地调研．
[55] 广州国际电子大厦资料来自实地调研．

第四章　继承传统建筑精华

在第三章中我们看到，珠江三角洲的建筑在 20 世纪的最后 20 年已经完全融入了世界建筑大潮之中。珠江三角洲的建筑全面地吸纳了世界建筑从 20 世纪初到 20 世纪末的各种建筑理论，包括从现代主义、晚期现代主义到后现代主义以及解构主义的各种建筑流派和建筑风格，甚至具体的建筑设计手法都能在珠江三角洲的建筑中找到各自的踪迹。相比之下，深圳、珠海这两座在 20 年建设中建成的现代城市较之以广州等历史文化名城在吸纳世界各种建筑理论方面更加典型。尤其是深圳，基本上是一个以现代主义建筑为主的世界建筑的博览会，这一方面对珠江三角洲甚至全国的建筑起到了窗口和桥梁的作用，但另一方面也留下了缺乏地域特征和民族特征的遗憾。造成此遗憾的原因与高速发展的经济、扑面而来的世界建筑潮流、特区建筑设计队伍以海外及内地涌来的建筑师队伍为主体、岭南地方文化在特区开埠前的渔村沉淀不足等不无关系。但不管怎样，20 年来珠江三角洲建筑对世界建筑理论的广泛吸纳正体现了岭南建筑文化对外来文化宽容、吸纳的拿来主义特征。正是这种特征使岭南新建筑不断推陈出新，充满活力，长盛不衰，从 60 年代起就走在全国建筑的前列。

珠江三角洲建筑的另一个特征是刻意继承民间建筑的精华，使岭南的新建筑具有浓郁的民族和地方特色。这方面以广州最甚，广州是具有 2000 多年历史的文化名城，自古以来就是岭南文化的中心。深厚的岭南文化基础，以岭南人为主体的建筑师队伍，雄厚的理论研究实力，使广州拥有较多的具有典型民族特色与地方风格的建筑。尽管无论从数量还是质量上说，这类建筑都嫌不足，但它却代表了一种发展方向，它使我们的城市人居环境更加可亲、可近，更具鲜明的特点。

以广东尤其是珠江三角洲为代表的岭南民间传统建筑，按照陆元鼎教授的观点，应包括：①广东地方古建筑，含庙坊、佛塔、祠堂等；②广东传统民居，含竹筒屋、西关大屋、骑楼、粤中民居、潮汕及客家民居；③岭南园林，含庭院、茶楼、书斋等。

继承传统建筑精华包含两个方面的内容：一方面是对岭南传统建筑作详尽的理论研究，另一方面则是在工程实践中采用传统的建设经验。这里之所以强调继承传统建筑的精华，而不是继承传统建筑的全部内容，是因为时代进步了，建筑功能、建筑材料、建筑技术以及人们的生活习惯、审美观点都发生了巨大的变化。适应过去的建筑功能、建筑材料和建筑技术的传统经验不可能全面地被继承，对其只能采取扬弃的态度，去其糟粕留其精华。

对岭南传统建筑的理论研究工作主要由华南理工大学建筑学院以及其他珠江三角洲的建筑院校和科研机构完成。时间可追溯到20世纪50年代，自夏昌世教授对岭南园林进行全面调查起，这方面的研究一直没有间断。在岭南园林研究方面，以夏昌世、莫伯治、郑祖良、刘管平为代表，在民居研究方面以陆元鼎为代表，在广东古建筑方面以林克明、龙庆忠、邓其生、吴庆洲为代表。还有林其标先生和华南理工大学的"亚热带建筑研究室"对岭南的气候、地理等自然特征进行了系统的研究。经过长期的理论研究，对各类民间建筑进行了详尽的分析研究，总结了广东民间建筑的传统经验。众多的专著、论文和广泛的学术交流活动以及长期的本科生和研究生的教育，使这个领域的研究成果潜移默化地为广东建筑界所接受，建筑师们自觉不自觉地在设计中运用了这些理论研究的成果，创造了许多优秀的具有典型岭南风格的新建筑。

第一节 继承传统建筑精华的理论研究

广东古建筑概况及特点

广东古属百越之地，民族种类繁多，经济文化相对中原十分落后。公元前214年[1]，秦始皇统一南疆，秦将任嚣率10万大军南下，在平定岭南的同时，也带来了中原的先进文化。任嚣在古代的番山和禺山建立番禺城(俗称任嚣城)。该城在今广州仓边路以西(番禺两山在五代刘岩建南汉国时被推平)。秦汉之交，赵佗继任嚣之后统治番禺城建立南越王国，将番禺城扩大，改称南越武王城，又称赵佗城。南越王国奉行民族和睦政策，岭南得以进一步开发。赵佗城也成为中国当时的九个大都会之一，同时也是中国最早的对外贸易港市,徐闻、合浦就是当时重要的海港。南越王国历时 90 多年,汉武帝时归于统一。三国时,东吴统领岭南,公元 226 年建交州和广州,"唐代置岭南道。五代期间,刘岩据岭南建南汉。宋代又把岭南划分为广南东路和西路,是为广东、广西之始。元代改为广东与广西两道。到明代,广东、广西是全国十三个行政省之最南两省。清代,岭南依明制仍称省,设两广总督统管岭南政治与军事"[2]。从岭南的历史发展可见,岭南文化源于中原的汉族文化,同时又与百越文化融合而形成多元共存的岭南文化形态,这使岭南文化具有了地方文化的独立特征。广东古建正是在这样的文化背景和历史背景下发展起来的。

秦汉时期:秦军南下,形成第一次中原向岭南的移民潮,带来先进的建筑技术。赵佗的民族和睦政策,兴百业,利发展,建筑出现了第一次高潮。"从广州、香港等地汉墓中出土不少陶屋模型,反映出同期建筑中的民居、井亭、仓库、作坊、畜栏、城堡等不同类型的式样。房屋的构造除少数用承重墙结构外,大多数用木框架结构,尤以柱头承榑、穿枋连结柱子的穿斗式结构为普遍。平面是长方形、曲尺形、日字式结构或三合院式。立面有平房、干栏式高脚屋和组合复杂富于变化的楼阁。屋顶有悬山、硬山、四阿(庑殿)、攒尖顶等式样。亦见悬山顶下两侧山墙出檐的,似是歇山(九脊殿)顶的萌芽。瓦件、脊饰、门窗、梁柱、斗栱、栏杆等多种构件清晰可见。"[3]

三国至南北朝:此时中原连年大战,岭南却相对稳定,为避免战祸,中原人再次形成南下移民潮,客观上促进了岭南经济文化的进一步发展。此时期,既有南下的僧人建立寺庙,又有由海路来的南亚僧人传教译经,佛教建筑如佛寺、佛塔等,成了这个时期最重要的建筑。"广州的光孝寺(晋时名制止寺)、六榕寺(南朝宋时名庄严寺)、华林寺(南朝梁时名西来庵),曲江的南华寺(南朝时名宝林寺),清远的飞来寺(南朝梁时名正德寺)都始创于这个时期。"[4]

隋唐到宋元时期:唐开大庾岭山道,利南北交通。同时广州成为世界贸易大港,利对外交流。此时全国经济繁荣,生产技术进步,诸多因素促使岭南的经济文化得以迅速发展,岭南建筑在唐宋进入成熟阶段。

594 年,隋文帝开皇十四年设南海郡,在广州黄埔建南海神庙,时为中国最大、岭南最早的海神庙。

岭南佛塔中最巍峨壮丽的是南雄延祥寺三影塔和广州六榕寺花

塔。前者建于北宋大中祥符二年（1009年），六角九级50.2米高，是楼阁式砖塔。后者于北宋元祐元年（1086年）重建，八角九级连暗层共17层，高57.55米，宛若重楼叠阁，沿穿心壁绕平座式楼梯可登顶层。六榕寺是因苏东坡游此寺时，见寺内六棵榕树郁郁葱葱，写下"六榕"二字而得名[5]。

岭南现存最早的木结构大殿是肇庆梅庵大殿，这是岭南建于宋代现存惟一的木结构建筑。大殿建于北宋至道二年（996年），面阔五间，进深三间。据专家推断，其屋顶形式原为歇山顶，后改为硬山顶。

广州光孝寺大殿是岭南最雄伟的大殿，重檐歇山顶，清扩大为面阔七间，进深六间，高13.6米，具有南宋的建筑风格。

德庆学宫大成殿是元代建筑的代表作。

明清时期： 岭南地区政治相对安定，又长期准予广州口岸保持对外通商，使岭南地区的建筑出现了封建社会里的最后一个高潮。现今留下的古建筑，大多数是这个时期的产物。当然这与中国古建筑的木结构与欧洲的石结构相比不能耐久也有关系。

明代把宋时广州的三座城合为一城，城市向东向北扩展。广州越秀山的镇海楼（俗称五层楼）正是此时所建（1380年）。镇海楼高28米，砖石混合结构，至今保存完好。

广州五仙观始建于宋，是依据五位骑羊的仙人为广州带来穗种的传说，为答谢仙人而建。明初毁于火灾，现存五仙观是广州保存得最完整的明代木结构建筑。五仙观的做法保留旧制，虽为明代建筑却有月梁、棱柱、升起、侧脚、叉手、托脚等早期手法。这种在中原早已不再使用的手法，在岭南却保留到了明代，甚至晚清。这从一个侧面说明汉民族的传统文化在岭南极易沉淀下来。直到今天粤语区的人们对冬至、端午、重阳等传统节日的热衷到了令中原人吃惊的地步，都是岭南文化重视传统的反映。

明代沿珠江建成有琶洲、赤岗、莲花三座风水砖塔，与海印石、海珠石、浮丘石等所谓"三关"相呼应形成"白云越秀翠城邑，三塔三关锁珠江"的壮观景色。

佛山祖庙始建于北宋元丰年间，是用以祭祀真武帝（又称上帝或白帝）的建筑。

广州仁威庙是祭祀真武帝的岭南最大庙宇，始建于宋代（1052年），明朝天启年间及清朝乾隆、道光年间曾大修，现存庙宇保留着明清建筑的风格。

广州陈家祠是祭祀祖宗的建筑，是岭南宗祠建筑的代表。陈家祠是广东七十二县陈姓的合族祠，坐落在今广州中山七路恩龙里，始建于清代光绪十六年，落成于光绪二十年（1894年）。因该祠兼作各县陈氏弟子来广州读书、参加科举考试准备的地方，故又称陈氏书院。

陈家祠主体建筑坐北朝南，占地80米见方，由9座厅堂、6个院落和10座厢房组成三路三进两庑的庞大建筑群。每路建筑都以青云巷相隔，其布局既有官式形制，也有粤中民居梳式布局的做法。"陈家祠体型宏大、中轴对称、严谨规整。室内有雕饰精致的梁架屏门、格扇、挂落。室外有高耸、华丽、长条连续画面的陶塑、灰塑、脊饰。人字山墙的垂带部位有图案优美的灰塑草尾纹饰。大门两侧墙面和墀头部位则有着精湛技艺的砖雕。它们使陈氏书院建筑外观呈现一种既严整肃穆又端庄华丽的面貌。"[6]

以上将自秦以来历朝历代有史可考的主要岭南古建作了一个简要的概括，与林林总总、浩如烟海的岭南古建相比，只是九牛一毛。岭南古建内容十分丰富，它包括了佛教建筑、伊斯兰教建筑、道教建筑、祭祀江河的建筑、祭祀真武帝的建筑、祭祀文昌神的建筑、祭祀关公的建筑、祭祀城隍土地的建筑、祭祀名人圣贤的建筑、祭祀祖宗的建筑、学宫、会馆、书院建筑、佛塔、墓塔、风水塔、回教塔，还有亭台、牌坊、古桥、古城、炮台，等等。

岭南古建筑源于中原，以汉族文化为主流，与楚、越、苗、瑶、黎、壮、侗等少数民族文化融为一体，适应岭南特定的自然条件，形成了独特的"既封闭又开放，既理性又浪漫，既重利又求实的形态特征"[7]。

邓其生教授在《岭南古建文化特色》和《岭南古建概论》这两篇学术论文中对岭南古建的特征作了详细的分析。

礼制："封建礼制始终是岭南古建筑的设计中心思想，方整庄重、规划协调是岭南古建筑平面布局的主流。"

木构：岭南木构多用在庙宇祠堂，为抵抗台风和地震，加强了自身的刚性，"有抬梁式，也有穿斗，或内槽抬梁，外檐廊穿斗，结构灵活多变"。岭南木构屋顶的特点是少有举折，多为直线坡，其原因与当地的自然条件有关，为排暴雨，坡陡不易作举折。另外，直线人字坡容易与硬山墙的构造相配合。岭南木构不吊天花，木材尽量外露，以利防腐和防白蚁。

脊饰：正脊高大。如广州陈家祠正脊高出屋顶2米有余，其轮廓高低起伏，变化多端。脊饰多以岭南风物为题材。作法有瓦作、琉璃、灰塑、瓷贴和砖雕等。

山墙：为防风防火，岭南古建多作硬山。山墙按金木水火土的哲理，有的夸张飘逸，有的层层叠叠，有的行云流水，产生强烈的令人震撼的艺术效果，地方特色十分突出。

柱式：岭南古建檐柱多为花岗石柱，高宽比较大，显得轻巧、纤细，石柱加工精细，截面有八角、圆形和四方花瓣形，柱与柱之间连接石质月梁，柱头柱础也十分别致，柱的造型式样达百余种之多。

色彩：岭南古建多以灰色为基调，麻石勒脚、青砖墙面、灰筒瓦，只有屋脊和山墙才用一些鲜艳的色调。这种色调在炎烈的岭南产生了清新可人的感觉，适应了当地的气候特点。

三雕：在装修手法上，岭南古建中的木雕、石雕、砖雕合称三雕。

岭南木雕灵秀精美，分融空间的屏风和书斋，厅堂中常见的落地花罩、博古罩、封檐板以及柱间挂落等处都有精细的木雕。

岭南石雕奇巧多变，刀法自然，多用于井圈、台阶、柱础、抱鼓石、门框和牌坊部位。

砖雕多用在门头、墙头、栏杆、墀头及通花漏窗之处。广州"陈家祠正面四幅大型墙头砖雕最为著称。其高度两米，宽四米，是由一块块质地细腻的东莞青砖细雕精刻接拼而成。内容为'群英会'、'聚义厅'等民间故事，面积大，层次分明，极富表现力"。

三塑：岭南的灰塑、泥塑和陶塑称为三塑。灰塑是用石灰、麻刀、纸浆按比例制成浆，可塑性大，灵活多变，可塑成各种图案和立体饰件。常用在脊饰和檐下，多以翼角、鳌头、仙人、走兽为母题。

泥塑常用在室内，制作神像，以草筋抖泥为原料，面饰彩绘。

广东民居及其传统经验

以陆元鼎教授为代表的民居研究队伍，放眼全国，立足广东，对广东民居的自然环境、人文特质、营造法式都作了详细的研究，在珠江三角洲20世纪最后20年的建筑发展中起了重要的作用，为保持珠江三角洲建筑的地方特色提供了理论依据和技术支持。

广东位于中国南部沿海，属亚热带地区气候特征。可以广州为例加以说明。"广州位于珠江三角洲北部，年平均气温21.8℃，气温年较差(月平均最高和月平均最低的气温差值)为15.1℃，年平均气温日较差为 7.6℃。气温日较差(日平均最高和日平均最低的气温差值)在 4 月份最小,为 6.6℃,12 月份最大,为 9.2℃。广州纬度较低,近临海洋,高温多雨,无冬季天气。秋、春季相连,为时略少于半年,夏季很长,自 4 月下旬至 10 月下旬,多于 6 个月,但不很炎热。日最高气温≥30℃的日数有 131.3 天,≥35℃的日数仅有 5.2 天,比之长江中下游地区的夏季显得凉爽。年平均相对湿度78%,11、12 月最低,皆为 68%,5、6 月最高,均达 86%。年雨日约 150 天,年雨量近 1700mm,4～9 月是雨季,期间各月雨量都超过 175mm,合计雨量占年总雨量的 82%。5、6 月是降水最集中、暴雨最多的时段,月雨量接近 300mm,两月雨量之和占年总量的 84%,同期暴雨日数(2.7)为全年暴雨日数(6.4 天)的 40%以上。全年多静风和北风,自 9 月开始至次年 3 月,北风居多,4～7 月东南风和东风较多,年大风日数为 5.9 天,8 月大风日数最多,有 1.2 天,7 月次之,为 1 天。夏秋常有台风袭击,造成大风暴雨。本地无降雪天气,遇强寒潮侵袭,会有霜冻发生。春季和夏初多阴雨天气,日照百分率甚低,为 20%～40%。盛夏以后及秋季阴天较少,日照百分率较高,7～12 月各月日照百分率均在 50%以上。"[8]从以上对广州气候特点十分专业的描述中可以看出,以广州为代表的珠江三角洲的气候特点可概括为:亚热带气候,高温多雨,无冬季,湿度大,常有台风侵袭。

广东民居适应特殊的气候及其他自然特点产生了许多丰富的形式,有竹筒屋、明字屋、三间两廊、骑楼、碉楼、客民围屋等形式。典型的有广州竹筒屋、广州西关大屋、佛山东华里、三水大旗头村等旧址。

(一)**竹筒屋**:竹筒屋是一种单开间的平面形式,粤中地区(珠江三角洲和四邑侨乡,即讲白话的地区)称为竹筒屋,因开间小进深大(进深达 12～20 米,开间与进深的比例常为 1∶4 到 1∶8),状似竹筒而得名。潮汕地区把这种形式称为竹竿厝。农村中的竹筒屋是厨房在前,通过天井到厅、房。城镇中的竹筒屋是厅在前,厨房在最后。竹筒屋外墙不开窗,通风、采光、排水都由天井解决,大型的竹筒屋往往有几个天井互相连接,甚至还有楼层。经济和气候条件是产生竹筒屋这种居住形式的基本原因。地价昂贵,临街面尤甚,且家家都希望有临街面,住宅只能向纵深发展,这样就充分利用了街区间的腹地,拉长了街区间的距离,总体上减少了街道建地面积,每户分担的街道建设费用也最低。另外,全年气温高、日照时间长,竹筒屋纵向排列数个小天井，天井间有冷巷连接，避免了阳光直射，产生良好通风，顺应气候特点，形成理想的居住环境。

汤国华先生（华南建设学院教师、华南理工大学98级博士生）从建筑物理的角度对构成竹筒屋基本单元的物理环境作过详细研究，他的《广州近代民居构成单元的居住环境》（《华中建筑》1996.4）是这项研究的成果。

竹筒屋基本单元的特点是房屋纵向垂直街道，周边与邻屋相连，必设前大后小两个天井，且由冷巷相连，其剖面特点是后天井高于前天井，室内净空较高，首层3.8米左右，二层3.3米左右，屋顶后坡比前坡长，前坡为30°，后坡为25°，活动天窗开在后坡。

防热：由于竹筒屋间并联设置，两侧墙永远不受太阳照射，因此隔热的重点在屋顶。双坡屋顶避免了整个屋顶同时受到太阳直射，当太阳辐射最强时，光线对屋面是斜入射，有利于减弱太阳的热辐射。

"天井虽为露天，但因高宽比大，也有很好的遮阳作用。后天井为深天井，底部终年不受日晒。前天井为浅天井，底部日晒时间不长，日照面积不大。"竹筒屋密集排列，屋与屋之间高低错落，互相遮蔽，也有很好的遮阳作用。

通风、散热：竹筒屋的基本单元有三种通风散热的方式。

①风压通风："当室内有主导风作用，房屋的迎风面正压和背风面负压就形成压差。当门、窗打开，风从前天井进入室内，经冷巷从后天井出，形成穿堂风，穿堂风速一般达0.8m/s，对人体有明显的吹风感，散热效果好。"②热压通风：在没有阵风的时候，这种通风方式起着主导作用。"因前天井受晒面积比后天井大，受晒时间比后天井长，前天井空气温度比后天井高，空气密度比后天井小。当室外为静风时，前后天井空气密度差就形成热压差。空气从后天井流向前天井，气流速度一般是0.2～0.5m/s，对人体无明显的吹风感，只有阴凉感。由于热压通风的成因是前后天井空气温度差，这种温度差因设置天井而成，不受外界主导风的影响，因此热压通风是稳定的。"热压通风是经常存在的，这正是竹筒屋通风的一大特点，当风压通风发生时，两种通风形式就会同时作用而产生一种复杂的混合通风方式。

防雨：广东多雨，遇台风还有狂风骤雨。竹筒屋的基本单元的双坡屋顶排水坡度为1∶2，平屋面排水坡也有2％，利用天井作有组织排水。前后天井开口深而窄，有利于防"横风横雨"入室。门窗上部有砖砌门楣和窗楣，以防雨水流入室内。

防潮：竹筒屋防潮设计有四个特点。"①室内采用热阻大、蓄热系数较小、对水蒸气呼吸作用好的地面和墙体构造。首层地面采用厚沙垫层，上铺粘土大阶砖。这种构造因热阻大，在初春泛潮季节表面温度高于湿空气露点温度，地面极少凝结水。墙脚一律用大青砖砌筑，表面也极少凝结水。这两种材料为多微孔材料，对湿空气有良好的呼吸作用。当空气湿度大时，吸入附于表面的水蒸气，空气湿度小时，放出已吸入的水蒸气，使地面和墙脚保持表面干燥。二层地面采用木楼板上石灰沙浆垫层铺进口花阶砖。这种构造热阻也较大。进口花砖表面光滑耐磨，也有一定的呼吸作用。②经常接触水的地方，采用花岗石地面。花岗石是很好的防水材料。首层厨房、天井地面就采用花岗石板，防止地面水渗入地基。通过有组织排水，把地面水排入下水道。③挖井降低地下水位。因经常使用井水可以使地下水位下降。④室内采用通透木隔断，以利空气流通。当室外空气非常潮湿时，通风不利于室内防潮。但当室外空气湿度小于室内空气湿度时，通风就有利于排湿防潮。除两边山墙、厨房隔墙、首层两房隔墙外，其余所有隔断都采用杉木板构造，下部架空15cm，上部采用1m多高的漏空花格。杉木板有一定的防潮作用，上、下通透有利于通风换气。"

隔声：因为竹筒屋片区容积率较小，街坊由若干竹筒屋并联而成，建筑密度虽高，个体建筑却相对封闭，两侧双偶墙隔绝了邻居的生活噪音，前后天井阻隔了室外的噪音。据专家测定，室内本底噪音只有42分贝，平均噪音44分贝，大大小于马路两旁的本底噪音72分贝和平均噪音75分贝。这种闹中取静的声环境值得现代住宅借鉴。

防火与防风：竹筒屋的基本单元把厨房置于小天井与冷巷之间利于通风排烟，厨房与其余房间的隔墙为一砖厚砖墙，耐火极限高。两边山墙高出屋面60厘米，做成封火山墙。为防台风，采用硬山顶形式，出檐甚短。

（二）**骑楼**：骑楼在某种意义上是竹筒屋的一种特殊形式，是由"前店后宅"到"下店上宅"的变体。骑楼的首层为商铺，二层为住宅，住宅向外突出，跨越人行步道，为顾客遮阳避雨，收"暑行不汗身，雨行不濡履"之效。因二层以上的建筑"骑"在人行道上，而被称为"骑楼"。

骑楼是20世纪初西学东渐，西方建筑形式与广东民居结合，适应当地气候特点和商业特征的典范。骑楼建筑的形成经历了三个阶段。在初期，西方敞廊式建筑传入中国，带有典型的文艺复兴、巴洛克和洛可可的风格，基本上是原样照搬。在中期，西式的敞廊与本地的竹筒屋等形式相结合，在传统建筑中加进西式的拱券和柱廊，中外建筑形式直接混为一体，共生共存。到后期，形成了具有地方特色的骑楼，西式的柱式得以简化，民间的做法更加巧妙地混合其中。在20世纪二三十年代，广东各城镇大量兴建此类骑楼建筑，形成了岭南建筑的一大特色。广州市中山路、上下九路堪称这类建筑的典范。

骑楼人行道宽约4米，净高在4米以上，一侧为商店，一侧临马路，其间有柱列。"夏季中午前后炎热的日晒被骑楼上盖遮挡。到太阳高度较低时，又被柱列和马路对面的骑楼建筑遮挡。人行道大部分面积不受太阳直接辐射，地面不被加热，因而长波热辐射极少，而来自马路表面的长波热辐射也被柱列挡住近四分之一。骑楼上盖不受日晒，底部温度较低。沿人行道店铺多为传统的"竹筒屋"，气温也较低。于是，作为马路与店铺之间的过渡空间，"骑楼"的综合温度"就比露天的马路低，而比店铺内稍高。即使在风静闷热的日子，人行道与马路的气温差也会形成局部热压通风。白天，店铺内、人行道、马路三空间的空气温度场就形成从内到外的渐变温度梯度，从店铺出来的较冷空气带走人行道的热量，一部分上升到骑楼上盖底部，冷却后再下降到人行道，另一部分直接进入马路而上升，形成从店铺内向人行道和马路吹的两股微气流，使行人有凉快感。太阳下落后，露天的马路表面向天空热辐射，降温较快，反过来形成一股从马路向人行道吹的微气流，使傍晚上街纳凉的人们感到凉风习习。而在吹东南风、南风的时候，骑楼又能迎风、兜风和藏风，是人行道自然通风的良好风道。雨季，每当突然风雨交加，骑楼就成了骑车者暂时避风雨的好地方，而行人照样可以逛街购物，不必撑伞遮雨。即使台风袭击，行人也不必担心有高空坠物的危险。骑楼不但有利于行人，也有利于沿街店铺，它使店内的商品不受日晒和台风飘雨的威胁"[9]。

随着城市的发展，交通的改善，经营方式、经济水准都已发生了变化，骑楼似乎已经完成了自身的历史使命，学者们正在探索一种既能保留骑楼的传统经验，又能适应现代都市发展要求的新路子。广州新大新公司采用双层人行道的形式，下层人行道为骑楼式，上层人行道与人行过街天桥联通为半开敞的步行道，并可从上层人行通道进入商场，骑楼在这里产生了新的形象。广州下九路上的荔湾广场，建筑面积280000平方米，若从飞机上鸟瞰，这是荔湾区最醒目的高层建筑群，尽管它采用了典型的广场建筑的设计手法，仍在一、二层设置了圆柱廊道与上下九路的沿街骑楼相呼应，体现了对传统商业建筑精华的吸收和保留。广东番禺丽江花园吸收传统骑楼的经验，将九层公寓首层外围后退，组成一圈约6米的商业走廊，走廊局部加宽，顾客可在此闲坐、聊天，欣赏花园景色，这样做既保留了岭南特色，又提高了小区档次。

（三）明字屋：明字屋是粤中地区对一种双开间民居的称谓，潮汕地区称其为单佩剑，这种民居主要由厅、房、厨房、卫生间和天井组成，现代珠江三角住宅中开门见厅，卧室向厅开门的做法可以在这里找到根源，其物理特征与竹筒屋类似。

（四）三间两廊：三间两廊是广东地区十分普遍的三合院式民居，潮汕地区称为爬狮，客家地区称为门楼屋。

三间两廊是一个基本单元，可向纵深和横向组合发展，尤以向纵深发展为多。向纵深发展的形式最常见的有两种：一是四合院式，潮汕地区称四点金，客家称双堂屋；另一种是三座落式，又称三厅串，即门厅、中厅、后厅三厅连贯排列，客家称三堂屋式，在平面布局中以后厅最大，是供祀祖先的神堂，日常生活在中厅，接待客人在侧厅。四点金和三堂屋的平面可以有很丰富的变化，两旁加从厝可变为多种复合类型。

广州西关大屋旧日为大户人家居住，古老大屋十分精美。其平面布局正是由粤中地区的三间二廊式民居发展而来，在三间两廊多单元纵向组合的基础上，吸收了江南大宅中厅堂布局方式演变而成。其平面多为"三边过"，正中的开间叫"正间"，两侧叫"书偏"，书偏旁边为"青云巷"，实际上就是冷巷。正间依次有门厅、轿厅、正厅、头房、二厅、二房。每厅为一进，各进之间隔以小天井，天井上加有瓦顶，靠高侧窗或天窗采光通风。书偏设书房、偏厅、住宅等，最后是厨房，西关大屋多为一层，也有的在二层设阁楼。正厅供会客使用，并供有诸神和祖先的牌位，二厅作餐厅，家长在头房居住，其余房间由家里其他人等依次居住。

西关大屋在立面处理上讲求实惠，看得到的地方重点装饰，看不到的地方少装饰或不装饰，临街墙往往有"绿豆青"水磨石大青砖，门廊的屋檐下吊精美的封檐板，山墙不临街只做简单装饰，屋脊看不见，一般不装饰。

佛山东华里是清初时期留下的传统民居，其平面部分和广州西关大屋的平面基本相同，都是在粤中地区三间两廊民居的基础上演变而来。每户分三个开间，中部开间稍大，沿纵向设厅堂与天井，两侧开间里为房间，户与户之间以冷巷相隔，排列整齐。冷巷两侧可见高耸的镬耳山墙，十分独特，连绵的镬耳山墙与幽深的冷巷组成了颇有趣味的巷道空间。

东华里原名"杨伍街"，为清初杨族、伍族聚居地，乾隆年间改为今名。街道全长112米，街宽3米有余，最宽处6米，花岗石铺地光洁平整。两侧各户临街的墙面为青砖墙，对缝十分精实。每户门均很高敞，花岗石门套加工精细，户门都有传统的木制趟栊，既有利通风，还可防盗，又能加强邻居间的联系，十分独特。

三间二廊及其各种变形体，都具有对外封闭、对内开敞的"内向性"基本特征。针对广东的气候特点，通风和防热是民居要满足的基本要求，因此，民居中的厅堂和庭院天井处理就成为解决通风隔热问题的关键。当地人在长期的实践中，创造出一种平面布局方式，也就是厅堂与庭院天井相结合的方式。这种方式既满足功能使用上的要求，又能做到通透凉爽。同时，又能使室内外空间互相融合、渗透，打成一片，或分割，或开敞，灵活机动，厅堂和廊檐又有一定的装饰和装修，既适用又美观。厅堂的面积一般都比较大，婚丧大典、敬神祀祖、接待客人、日常起居都在这里进行，这也是现代岭南居住模式中大厅小卧的一个生活习俗方面的原因。厅堂的门窗都是活动的，可根据需要开启或拆卸，这种灵活的敞厅，关闭时，与天井独立，自成一体；开启后，厅堂与天井打成一片，室内与室外结合，对通风十分有利。有时天井四边的厅全部开敞，可形成十分通透的景象，与外观的封闭截然相反。

厅堂前的天井，进深与厅堂檐高大致相等，有采光、通风、换气、排水、户外活动以及美化环境的作用。与北方四合院的"院"不同，这里的天井比较狭小，惟小才有阴。由于小天井的特殊作用，因此广东民居中必有天井，住宅越大天井越多，天气越热的地方，天井越小。

除厅堂、天井外，三间两廊民居的另一个特点就是冷巷。冷巷位于住宅的两侧，成为户与户之间的间隔，冷巷十分深长，其功能除解决采光、通风、换气外，还因巷道狭窄，全部被建筑的阴影遮挡，巷内空气温度低，与巷外低密度的热空气形成热交换，产生空气对流，使人感受到凉爽。这就是"冷巷"名称的由来。

敞厅堂、小天井、深冷巷构成了三间两廊民居完整的通风系统，也是广东传统民居中的三大要素，在广东特殊的气候条件下，这三大要素缺一不可。

（五）**民居与环境**：粤中乡村，按陆元鼎教授的说法，常作梳式布局。村前南临半圆形池塘，用作灌溉、排水、养鱼、洗衣，有"四水归塘"之说，村后和东西两侧种植果木，形成绿篱。池塘边的前庭是村前的广场，这里多有一颗风水榕树，以前庭的正中为轴线，设有宗族祠堂，祠堂边有家塾。住宅绕祠堂而建，多由竹筒屋、明字屋和三间二廊等基本单元组合而成。"粤中乡村坐北朝南，沿坡而建，布局严谨，道路规整。这种布局方式有利于生产和生活，又解决日照、通风、防热和排水等问题。"[10]

梳式平面，巷道整齐排列并与夏季主导风向平行，有阵风时，巷道因狭窄而提高风速，利于降温。静风状态下，又因巷道狭窄，受墙及周围建筑阴影遮盖，巷内高密度冷空气与巷外低密度热空气形成对流，改善了住宅的热环境。冬季来临，起寒风时，周围由果树、竹木形成的绿篱对其有遮挡作用。

三水市乐平镇的大旗头村，又名郑村，是郑氏家族聚居之地，总建筑面积10000平方米左右，是广东佛山地区保留较完整的清代集居型大聚落。大旗头村的民居以外封闭内开放的三间二廊的形式为主，总体上仍遵循前塘后村、梳式布局的定式，是粤中乡村民居的典例。

以上研究的民居总体布局形式，适合平地和浅丘地区的特点。广东民居对自然山水的利用也有许多值得借鉴的地方。广东地貌以丘陵为主，水网纵横，许多民居都是依山傍水而建。临水民居，常使建筑外伸，履越水面，利用水面达到通风降温的目的。广州白云宾馆的前庭，建筑与水面的关系正是吸收了临水民居的做法。山地民居，或依山就势，或分层筑台，或悬挑，或支吊，总之是利用地形，决不大动土石，破坏环境，这个经验在岭南新建筑中常被利用。

广东潮汕地区和兴梅客家民居和聚落的总体布局都因各地自然环境、历史背景、人文特征各不相同而有各自的特点，因本课题研究范围界定在珠江三角洲，故对此两地的民居不作重点讨论。

广东民居，尤其是粤中民居的传统经验，概况起来主要有：

① 尊重自然、因势利导的总体布局。

粤中民居总体布局，迎风朝阳，依山傍水，近水亲绿，决不大动土石方，体现了对大自然的尊重。

② 通风、隔热、防晒、防潮的设计原则。

粤中民居，适应当地湿热多雨的气候特点，始终把通风、隔热、防晒、防潮作为营造住屋的着眼点。尽管手法与现代的措施大不相同，但现代也必须继承这种理念，才能创造怡人的人居环境。粤中民居的三要素敞厅堂、天井和冷巷是民居用以适应当地湿热气候的基本手法。在阵风起时，三者联合作用，加快风速，组织对流，是为风压通风。在静风状态下，三者间形成冷热空气间的压差，促成空气对流，是为热压通风。小天井、窄冷巷、联房广厦互相遮蔽，是粤中民居防晒的基本手法。

骑楼易于形成空气压差，有利通风和防晒，更能遮挡狂风骤雨。

③ 开门见厅、大厅小房的居住模式。

明字屋、三间二廊体现的开门见厅、大厅小房，房门开在廊内以利厅房使用的居住模式，符合岭南人的生活习俗，也值得后人借鉴。但粤中民居对外过于封闭，首层照度不足。因讲风水、怕漏财、北向不开窗等陈规陋习，则应拒之不用。

岭南园林及传统经验

中国园林始于商周，迄今已有 3000 余年的历史，中国的自然式山水风景园林与欧洲几何规则园林大相径庭，成为世界上独树一帜的园林体系。岭南园林属中国园林系统，因当地不同的自然条件和人文特征，形成了自身独特的风格而区别于北方的皇家园林和江南的私家园林。

岭南园林始于赵佗的宫室苑囿，三国时建有虞苑，又称柯林，后来在此建光孝寺。唐代广州西郊有荔园，遍地红荔，唐代诗人元晦开有桂山，于桂树林中建立佛寺、亭、台。五代南汉时期，刘氏王朝广建宫室楼台，遍植奇花异卉，又建"仙湖"，有奇石九座，至今尚存数座，名曰"九曜石"，因当时此地曾聚方士炼药，故称"药洲"。"药洲"遗址在现广州教育路，"九曜石"则是我国最早的园林遗石。宋代惠州太守筑堤截水，开惠州西湖，"既收湖光山色之胜、素野芬芳之美，又得灌田数百亩及苇藕蒲鱼之利"[11]。明清之际寺院园林与民间私家庭院极具特点。关于园林和庭院的区别，夏昌世先生解释说："庭园的功能是以适应生活起居要求为主，适当地结合一些水石花木，增加内庭的自然气氛和提高它的观赏价值。因而庭院的空间一般来说，是以建筑空间为主，山石树池等景物只是从属于建筑。假如没有周围的建筑环境，园景就会失去构图的依据，水石花木也就不能成'景'了。人们玩赏庭园中的景色，一般以'静态'的观赏为多，结合日常起居生活，停留在三两'点'上欣赏一些特意创造出来的'对景'。所谓'开琼筵以坐花……'，正好说明庭园布局上的特点，这就是居室空间与自然空间结合在一起。园林规模比较宏大，功能则系为了游憩观赏。人们去公园的目的就是游览，因而随处要创造风景点来满足这一要求。园林空间结构以自然空间为主，建筑只不过是园内景色的'点缀物'，从属于自然空间环境。虽然建筑成组成群，亦不过是'园中有园'的局面。园内布景的安排，始终是透过一条'动态'的游览路线组织进来的。"[12] 因此，应该说庭园是园林的一种特殊形式。

岭南庭园中最著名的是岭南四大名园：佛山梁园、番禺余荫山房、顺德清晖园和东莞可园。

梁园： 位于今佛山市松风路先锋古道，是梁氏家族的大型园林群组，故称梁园。梁园建于清代嘉庆、道光年间，包括位于今升平路松桂里的"十二石斋"、松风路西贤里的"寒香馆"以及先锋古道的"群星草堂"和"汾江草庐"等四组庭院，足见当初梁园规模之巨。据史料记载，梁园"沿用当地聚族而居的习俗，宅第、祠堂与园林有机组合自成体系，空间组织错落有致，形成高雅脱俗、如诗如画的风格。'十二石斋'有紫藤花馆、一览亭诸胜，以十二异石而得名。而'寒香馆'则树石幽雅，遍植梅花，所集法帖刻石藏于馆中。'群星草堂'和'汾江草庐'两组建筑群占地两公顷，园中巧妙地布置了太湖、灵壁、英德等巨石、亭台楼阁、曲径回廊、错落有致，富于岭南特色"[13]。

梁园的四组主要景点中，"十二石斋"毁于民国初年，"寒香馆"及"汾江草庐"毁于抗日战争时期，到20世纪50年代，仅剩下占地2300平方米的"群星草堂"。群星草堂"园址作曲尺形状，面积约二亩，划分三个景点，亭台略有拆毁，遗基尚存。坐北朝南的秋爽轩花厅与其西的船厅相连成曲宇，檐廊接草堂的外廊，往南堆土丘遥对花厅，其中轴上设方厅（已圮），四周怪石棕竹，花基花池，错落有致。庭西有小筑，窗前屹立石峰，高与檐齐。循径登山，步级菱形斜置，旁缀石英。山高约四米，重叠分两层，首层低而平缓。……上层高而平坦，设有几石磴，象征泉林佳境，以墙过渡分隔花圃，设月洞门相通，至此为主景点。而以石为主题。山上树木成林，植罗汉松、枇杷、苹婆（凤眼果）、九里香等，浓阴覆地，比例与山石相称"[14]。

1992年至1996年，以"群星草堂"为依托，对梁园进行了修复。修复后的梁园把原来 200 余亩范围内的园林景点，浓缩安置在 32 亩的范围内，形成了佛山市新的旅游景点。

余荫山房：占地 3 亩，坐落在番禺县南村邬家祠的南面，清代同治五年（1866 年）由举人邬燕天所建。

余荫山房的庭园布局，颇具地方特点，也吸收了外来的手法，采用中轴对称的平面，几何图案的水池，一个水池为方形，另一个水池为回字形。入口采用了岭南庭园中常用的小院竹径曲折引进的抑景手法，入口处就为庭园小中见大的处理手法埋下了伏笔。过门厅，穿竹径，出吞虹门，眼界豁然开朗，水面相对开阔。桥廊将全园划分为东西两个景区，并与房屋檐廊相连。西景区的"深柳堂"是庭园的主厅堂，"临池别馆"倒朝厅与"深柳堂"隔池相对，两者简繁对比，主次分明。东景区以八角形的"波暖尘香"水榭为主要景点。榭广 8 米，八面来风，只是与水面相比，建筑体量过大，略显拥挤。

清晖园：坐落在今顺德市大良龙姓聚居的华盖里内，大约建于清代道光年间，全园占地 5 亩，地形狭长，分前后两个景区。

从东南角入园，仍采用先抑后扬的手法。前院水池呈方形，水面宽阔，澄漪亭、六角亭、船厅等三处景点环池布置。游人入园，因方池所隔，虽不可及，却可远观三个景点的全貌，视线设计堪称仔细。船厅是岭南庭院的一大特点，清晖园船厅仿珠江上的"紫洞艇"而筑，别有风味。船厅一侧的惜阴书屋，书屋后的真砚斋，构成园中精萃。船厅对面置土山，山石貌似狮，故叫狮山，山顶有一方亭可观池塘全景。狮山下的月门通后庭景区，后景区内建筑密度很大，"笔生花馆"和"归寄庐"为主要建筑，景区内巧用叠石、花木掩蔽笨拙墙面，弥补了乏趣之局促空间的不足。

可园：位于东莞城郊博厦村，建于清代咸丰六年，占地约 2 亩，地形呈三角状，南临外街，东临可湖。全园分为前、后和湖边三个景区。楼阁厅房环绕主庭而筑，是典型的"连房广厦"的布局。这种布局方式和传统手法采用单幢分布，联以回廊曲径的平面布局迥然不同，倒与粤中民居有些相似。四层的"可楼"是全院空间构图的中心，有统领全局、指定所在之功效，成为可园的标志。"双清室"在可楼南面，又称"亚字厅"，因其平面形状及窗门花饰均呈"亚"字形而得名，此厅做工精巧，造型轻盈，装修堂皇，是可园的艺术精华。可园东临可湖，船厅、观鱼榭和钓鱼台跨水修筑，巧于因借，因湖得景。

上述四座清代岭南名园，占地不大，却布局巧妙，小中见大。

岭南园林发展至此，地方特色可说是发挥得淋漓尽致。夏昌世、莫伯治先生合著的《漫谈岭南庭园》一文，对岭南庭园的特点作了详尽的描述。岭南庭园中"庭"是构成庭园的基本单元，庭分五类：①平庭：地势平坦，铺砌矮栏、花台、散石和树木花草等，景物多系人工布置。②水庭：庭的面积以水域为主，陆地所占比例较少。③石庭：地势略有起伏，散置园石、灌丛，或构筑较大型的石景假山来组织庭内空间。④水石庭：起伏较大，配合水面的不同形状及大小比例，运用石景和建筑来衬托出各种不同的水型，如"山池"、"山溪"、"壁潭"、"洲诸"等。⑤山庭：筑庭于崖际或山坡之上。岭南庭院的特点包括：①在总体布局上，有中西合璧的几何形状的水庭，也有"连房广厦"式建筑围绕主庭布局。②庭园建筑体形轻快，通透开敞，出檐翼角不如北方皇家园林沉重，也不如江南私家园林建筑出戗的纤巧，而是界乎两者之间。③几乎所有岭南园都有"船厅"，船厅这种特殊的建筑类型，或置于水旁，或置于园的边界，西樵山白云洞完全无水的山庭，也在临崖处建一船厅，以云为水。船厅多为庭园中的主体建筑以代替厅堂，它具有厅堂楼阁的多种功能，其平面一般为狭长形，似一艘船，三或五开间，以廊与其他建筑连在一起，形成一组轻巧活泼、高低起伏的建筑群。④岭南庭院中的细木工艺和套色玻璃画颇具地方特色。细木工艺中有通雕、拉花、钉凸和斗心等做法，特色是精美纤巧、玲珑浮凸，在敞口厅或套厅之处，设一个木雕的花罩或洞罩，使内外空间有适当的约束，而又隐约相通，还可起到美丽的景框作用。套色玻璃的题材多为山水人物、花鸟、古钱币、彝鼎和名家书法等，刻制分阴纹阳纹，加工方法有药水、车花、磨砂和吹砂之别。玻璃画主要设在两个明暗不同的空间之间，作为屏门、窗扇的门格或窗心，好像一幅幅透明的彩画。除上述特点外，岭南庭院的石塑、石景、庭木花草都有许多特别的地方，不再赘述。岭南庭园实际上是一种融居住与园林为一体的空间形态，在这里建筑和园林合而为一，互相认同，体现了天人合一的思想。这也是岭南庭园最基本的传统经验。

第二节　继承传统建筑精华的工程实践

　　对传统建筑的理论研究，其最终目的还是要对传统建筑的经验进行扬弃，并在现代建筑中继承传统建筑的精华，使源远流长的民间建筑文化得以延续。继承传统建筑精华有四种基本的形式。第一种形式是比较全面地继承传统建筑的形式和风格，在功能允许的条件下，无论是平面布局、空间处理或立面造型上都采用传统的手法。由于科学技术的发展，传统的建筑形式与工程技术、建筑材料等存在较大矛盾，因此，这种形式只能在特定的时间、地点和条件下方可实施。第二种形式是局部运用传统形式，或者说把传统的形式作为"符号"来运用。例如在建筑物的入口、局部屋顶、室内装修或园林等处采用传统的处理手法，而建筑物的总体设计不按传统的思路。这种方式，要求在民间建筑中找出有代表性的"视觉模式"来做"符号"。这种做法可避免传统形式与现代功能之间的矛盾，或者减少这一矛盾，看似简单，实际上需要深厚的功底，如果只是简单的"穿衣戴帽"只能使人感到庸俗。第三种形式是将民间建筑的传统形式加以抽象和变形，用联想和隐喻的手法再现传统风格。这种做法有些后现代主义的味道。这要求对民间的建筑形式进行分析、加工提炼，而不是简单地照搬，这种方法可以把传统的形式与现代功能和科学技术有机地结合起来，是一种较理想的设计创作方法，但对设计者要求甚高。第四种形式是在神似上作文章，继承先人分析问题、解决问题的方法和思路，从而寻求适合当今社会的建筑形式。例如通过对广东民居的分析，继承民居处理问题的理念。通过对岭南庭园的分析，继承庭园建筑天人合一的思想和传统手法。以上四种方式都是继承民间建筑精华的切实可行的办法，珠江三角洲的建筑师，在20世纪最后20年建筑大发展的过程中，正是采取这四种方式进行了许多有益的工程实践。

20世纪80年代广东为适应接待国外旅游团体的需要，建设了一批小型庭园旅游宾馆，床位在35到300个之间。这些宾馆多建在名胜之地，又迎合侨胞的怀乡情节，故多采用中国式的建筑风格，具有浓郁的民族特征和地方特征。其中，中山温泉宾馆、深圳银湖宾馆和珠海拱北宾馆等是这类宾馆的典例。

庭院旅游宾馆因客观条件各不相同，因此各自都有自身的特点。它们的共同之点在于：①功能组合上都是以低层建筑组成庭园式的建筑群体；②围绕某一主体，组成山池树石的组景构图，使人联想山野林泉，颇具诗情画意。

深圳银湖宾馆[15]（图4-1），建于1984年，由

图4-1

深圳银湖宾馆晴岚别墅"可楼"（引自《莫伯治集》）

林兆璋、司徒如玉设计,莫伯治先生顾问。宾馆建筑面积9000平方米,客房132间。宾馆坐落在深圳北郊的笔架山下,湖面面积达100余亩,山青水秀,冬暖夏凉,是深圳的旅游胜地。

银湖宾馆的总体布局,采用渐进收敛式的空间序列,动静分明。入口处布置人流较大的酒楼、商场和康乐中心。标准客房构成的主楼居中,作庭园式布局。最后是散置于人工湖周围的7幢高级别墅。

银湖宾馆最具特色的是其中的别墅群,环翠、朝晖、晴岚、撷英、流霞、浣花、沉香等7座别墅是一座座具有中国南方风格的离宫别苑式建筑。每座别墅自成一个独立的小庭园,有主人房、客房、会客厅、会议厅、书房、餐厅等,配套齐全。其中,晴岚别墅取东莞可园的意境,"可楼"高4层,飞檐翘角,一枝独秀,围绕中庭,连房广厦。环翠别墅类似余荫山房,尤其在平面布局上,完全继承了余荫山房的做法,轴线对称,几何庭园,八角水榭,入口先抑后扬。朝晖别墅形同顺德清晖园,流霞别墅则效仿佛山十二石斋,以石景取胜。广东的四大名园,在这里浓缩、变形,一展风采,首开了一地汇集各地风景的造园先河,后来在全国影响很大的深圳世界之窗、中国民俗村、锦绣中华等新园林与银湖宾馆别墅群的创意异曲同工。

珠海拱北宾馆[16](图4-2)建于1984年,由林兆璋、陈伟廉、陈立言等设计,莫伯治顾问。该宾馆位于珠海拱北关口,毗邻澳门。规模只有100个床位,但其民族风格却令澳门同胞倍感亲切。总平

图 4-2
珠海拱北宾馆(引自《建筑学报》1984.10)

面为合院式的布局，盝顶、歇山、攒尖式屋顶丰富多彩，尤其是入口处，类似故宫角楼的主体建筑成了宾馆的中心，民族特色十分鲜明。

深圳图书馆[17]（图4-3）是在现代功能的建筑中保持民族风格的一个典例。该图书馆建于1986年，建筑面积14000平方米，占地24000平方米，藏书100万册，拥有阅览座位1000个，系当时深圳八大文化设施之一，由著名建筑大师郭怡昌先生主持设计。1988年获广东省优秀设计一等奖，1989年获建设部优秀设计二等奖。

图4-3
深圳图书馆

深圳图书馆位于深圳荔枝公园的西北角，基地三面环湖，是嵌入公园的一个半岛，环境十分幽雅。图书馆没有采用集中大体量的设计手法，而是适应公园中以低层为主的庭园风格，采用缩小基本书库、扩大开架阅览面积、"藏阅合一"的现代图书馆设计手法，化整为零，使比较庞大的体形，变成轻巧别致的园林建筑。建筑以2层为主，局部3层，中心书库仅高6层。依据北高南低的地势，跌级设置各类建筑，错落有序。建筑物沿湖后退60米，既为读者提供一个幽静的后花园，又表示了建筑对大自然的谦让。这种尊重自然、与自然融为一体的总体布局，保持了民间建筑中天人合一的思想内涵。

图书馆的建筑风格，具有中国建筑的特色，明黄色的盝顶式屋顶，在绿树丛中显得亲切怡人。中心书库则采用对中国传统建筑符号进行抽象变形的处理手法，使之成为现代高层的城市环境与中国式建筑之间的过渡，图书馆建筑群因此与城市环境更加协调。

中国大酒店[18]（图4-4）是一座引进外资兴建的具有世界一流水平的现代化五星级酒店，位于广州解放北路与流花路交汇点，原地名叫象岗山，东临越秀公园，西靠东方宾馆，北望广交会。

图4-4
中国大酒店

中国大酒店1984年建成，由广州市设计院梁启杰先生主持建筑设计，港方在中国大酒店最大的股份持有者胡应湘总建筑师作总策划。占地19600平方米，总建筑面积159000平方米（含写字楼和附属公寓，酒店建筑面积91456平方米），主楼高18层，各类客房1017套，入口大厅面积达1000平方米。

该酒店建设是以中方出地皮、港方投资1亿美元、合营若干年后中国全部接收的方式进行。因此投资方要求在有限的土地和空间上取得最大的经济效益，再加上所在位置受到航空限高的控制，所以建筑密度相当大，除了必要的消防通道外，建筑占满了整个场地。为了解决绿化问题，设计上采用高低相间的空间组合形式，在低层屋面，遍种花木，设置中国式的庭院。在广州由于湿热的气候条件，混凝土屋面上只要有20厘米土就可植草，60厘米土就可种树，这为屋顶造园提供了便利条件。中国大酒店的屋顶花园，周围高层在平花园层做了一排黄色琉璃瓦的短檐，与顶层的盝顶相呼应。庭园中，小桥流水，水池花木，石山飞瀑，攒尖方亭，曲径通幽，有强烈的民族风格，在高密度的建筑群中，开辟了一个自然的天地。在特定条件下，利用屋面造园的手法，达到美化环境的目的，是岭南新建筑的创作经验之一，在珠江三角洲地区广泛得到利用。前面曾提到的深圳香格里拉酒店是一座现代主义风格的建筑，但其裙楼顶上却做了一个典型的中国式花园，用的也是这种手法。

中国大酒店的建筑风格保持了中国建筑的特色，但不是采用复古主义的办法，而是将中国建筑的符号，适当地运用到现代建筑中去。外观设计上，运用中国建筑的传统手法，主立面中轴对称，庄重典雅。檐部、墙体及台基组成三段式构图，色彩丰富多变，且以暖色调为主。屋顶采取了黄琉璃盝顶，檐下若干镂空花饰，加上突出的顶层窗台组成檐部。做法虽不合古建的"法式"，但却与传统建筑有神似之处。墙身为奶黄色与棕色交错使用，窗间墙构成的竖线条，既是滑模施工的需要，也与传统建筑中柱子露明有某些相似之处。台座则是由两层高的粗面红花岗石墙身和用磨光红花岗石与深色玻璃组成的凸窗构成。

中国大酒店最具特色的是西端入口两面山墙上的大型线雕壁画。两幅壁画的面积达 1000 余平方米，采用线描的形式在混凝土上面直接刻线，然后在凹线上贴金箔，耗用黄金 48 两。两幅壁画的题材分别是"歌舞庆平"和"贸易通四海"，再现了广州与海外交流的史实，透出广州由来已久的"商文化"气息。米黄色聚丙烯粗面喷涂的外墙与贴金的 V 型凹线构成的画面相衬，色彩效果及质感上都有如黄丝绒上锈金线，典雅秀丽。

中国大酒店还有一个特点，就是其西面主入口巨大的雨篷，这种雨篷可减少西向强烈的辐射热，又适应广州夏季多骤雨的气候特点。中国大酒店的雨篷不设立柱，外挑 9 米，上为咖啡厅，咖啡厅顶上为设备用房，雨篷顶设游泳池。雨篷下部开敞通透，二层的带窗和三层的实墙形成强烈对比，产生了十分独特的空间效果，成了中国大酒店的主要标志之一。

华南理工大学研究生院大楼[19]（图 4-5）建于 1987 年，由华南理工大学建筑设计研究院林永祥先生主持设计。这是一座保持民族特色、适应自然环境的建筑。该建筑处在华南理工大学的校园内，周围有许多林克明等老一代建筑师早年设计的"中国固有式"建筑。

图 4-5

华南理工大学研究生院(引自《建筑技术及设计》1999.1)

  为继承和发展当地的文脉,研究生院大楼采取了中西合璧、以中为主的设计手法,采用了歇山式绿色琉璃瓦屋顶和盝顶,盝顶上加设经过化简变形的勾栏,在斗栱的位置,做了许多小型的构件,首层墙体还作了收分,具有十足的中国味。由于细部处理比较仔细,因此十分耐看。

  研究生院大楼处在一个陡坎上,南向 3 层,北向 4 层,面向东湖,采用了传统的天井式平面布局。外廊面对天井,天井内广植花木、小品、假山、瀑布,小环境十分惬意。东面研究室外墙采用锯齿形,以取得防止日晒、导风入室的效果。依地形而建、依气候而变、与环境相协调是该大楼的主要特点。

  广东南海西樵山云影琼楼[20]坐落在西樵人工湖的一个绿岛上。西樵山离广州市 50 公里,是国家级的旅游风景区。所谓南粤名山二樵,东樵是罗浮山,西樵就是南海市的西樵山风景区。西樵山以奇山异石、秀木参天、幽谷悬崖而闻名。云影琼楼坐落在如此幽雅的环境中可谓得天独厚。云影琼楼实际上是一座小规模的旅游宾馆,由 45 个房间的宾馆和两幢别墅构成。平面布局沿小岛崖线,采用自由灵活的曲线,岛上的主要树木得到保护。建筑体形小巧,以低层为主,充分地与自然环境相配合,游人可在琼楼内饱览西樵山景色,琼楼却在湖光山色中时隐时现,十分和谐。云影琼楼的外形采用了中国式的构图手法,吸收了四邑侨乡西洋亭的一些做法,使建筑群少了几分枯燥,多了许多灵活可人的气氛。琼楼中的两幢别墅，名曰"翡翠"和"明珠"，借用了广东民居的一些手法，平面酷似广州西关大屋。别墅部分架空在水面，远远望去似南越水乡的干栏式建筑。云影琼楼的设计师林兆璋先生在谈到云影琼楼的设计体会时提到了两个主要观点：①风景区内的建筑不能喧宾夺主，其轮廓线不能影响风景线，体量上不能影响游人对风景的观赏，应坚持风景区内的建筑宜"藏"不宜"露"的原则；②风景区内的建筑要"造园因宜"，少动土石方，"迁就"绿化，保护古树，这些观点和做法都可以在民间传统建筑中找到依据。西樵山云影琼楼是继承民间建筑精华的一个好例子。

广州文化公园园中院[21]位于文化公园内，建于1981年，是利用一座4层展馆的支柱层构成的茶座庭院，占地4095平方米，由广州市园林局的郑祖良先生设计。郑祖良先生（1914~1994年）是广东中山县人，1937年毕业于襄勤大学建筑系。20世纪50年代曾参与广州越秀公园北秀湖、流花湖公园、荔湾湖公园、东山湖公园以及广州起义烈士陵园的规划和建设，在岭南造园方面造诣颇深，文化公园的园中院是他的主要代表作之一。

园中院含二台五廊九厅十八院，方寸之地内容却十分丰富。"宅园取其静，别墅庭园取其幽，酒家庭院令其兴，宾馆庭院促其雅，旅游庭院尽其趣。'园中院'则以不寻常的意境，使全园命题巧妙地突出一个'文'字。它用典雅的'文体'，深趣的'文'意，潇洒的'文'风，来反映园的性格，去体现庭院的主体。"[22]主庭的"五羊仙"浮雕，南厅的荔枝女雕塑和背衬的"五仙观"浮雕，后庭深潭中的美人鱼雕塑，展示了优美的神话故事和民间传说、深邃的文化内涵，引人入胜。

园中院继承了岭南传统庭园的造园手法，构成门廊与厅院结合的入口空间，采用先抑后扬的空间序列。主入口采取偏门方式，设花池径道和竹栏小门，最大限度地收缩了入口空间，竹栏门后，空间突显开敞，主庭丰富的景象令人目不暇接。庭院内，各式敞廊和眺台连接着茅厅、竹厅、草堂等各具特色的茶厅，四周散置英石、黄腊石等石景，灰塑的榕树林立，后庭山崖壁立，瀑布飞泻，阳光下波光粼粼，构成明显的岭南地方特色。

文化公园园中院不但继承了岭南传统庭园的精华，并且在现代建筑的支柱层内，创造出花叶烂漫、泉涧轻流的田园胜景，为珠江三角洲后来的小区建设提供了一个很好的范例。

图 4-6
广州兰圃芳华园

广州兰圃芳华园[23]（图 4-6）是郑祖良先生的又一杰作。芳华园原是 1983 年我国为参加西德国际园艺展览在广州兰圃制作的样板小庭园。芳华园虽半亩纵横，却具林壑之趣，小中见大，既继承了皇家园林金碧辉煌的王气，又吸取了江南园林幽雅曲折的风格，还拥有岭南园林开朗明快的特点。芳华园入口处，迎面是典雅丽逸黄瓦砖雕的屏障式照壁，前庭广场，佳木葱茏，名花怒放，秀石争辉。经右侧的藤罗架入园，朦胧中的水石景若隐若现，平台卧波，石栏迂回。经起云台，过石板桥，迎面的路亭四角檐飞，亭内壁泉三叠，泉水叮当，东侧画舫潇洒逸丽，舫檐之下，木雕花罩、挂落、雀替、套色玻璃门窗，样样精巧，花鸟图案栩栩如生，金黄色的琉璃，朱红的柱，白色的围栏更显典雅堂皇。离画舫，过牡丹台，可登四方梅亭，近观画舫浮翠，远眺兰圃景色。

郑祖良先生曾就芳华园的建设提了八点指导性意见，从这八点意见中可见芳华园对民间建筑的继承和发展：①采用欲扬先抑的空间对比手法；②采用周边式园径；③集中国传统造园要素之大成，采用小尺度浓缩处理；④采用广东民间工艺材料；⑤以诗、文、楹联升华造园艺术；⑥注重运用石景；⑦花卉树木体现中国特色；⑧用仿古式红木家具作室内陈设。

在郑祖良先生的亲自指导下，芳华园这座浓缩的中国园林取得了很大的成就，在慕尼黑国际展览会上，获得联邦德国大金奖和联邦德国园艺建筑中央联合会大金质奖。

深圳关山月美术馆[24]（图 4-7）是以岭南派国画大师关山月的名字命名的深圳市大型综合性美术馆，是深圳市重要的文化建筑。该馆坐落在深圳市红荔西路莲花山公园。占地 9100 平方米，总建筑面积 12300 平方米，高 6 层，地下 1 层，1997 年竣工。由深圳市建筑设计院第一分院设计。美术馆主要由三个部分组成，公共展厅、画库和画家之家，各部分相对独立，自成体系，但室内联系方便。二层雕塑广场使室内室外空间相互交融，打破了封闭的空间格局。该美术馆沿正方形的两条对角线组织空间。各种空间形式互相穿插，完全是现代主义建筑的设计手法，但四个翼的经过变形的坡屋顶及檐口的做法又透出岭南地方建筑的韵味，从而使建筑切了题，产生了文化的内涵。

南雄博物馆[25]（图 4-8）坐落在著名的珠玑巷内，由陆元鼎教授主持设计。博物馆平面采用了粤中民居的布局形式，小天井、敞厅和青云巷等广东民居的三大要素在这里都有体现。博物馆立面外观则是利用现代材料对传统建筑形式作了提炼，与环境十分协调，是尊重地域文脉、继承民间传统精华的一个典型。

图 4-7
关月山美术馆

图 4-8　a. 南雄博物馆正立面

图 4-8　b. 南雄博物馆背立面

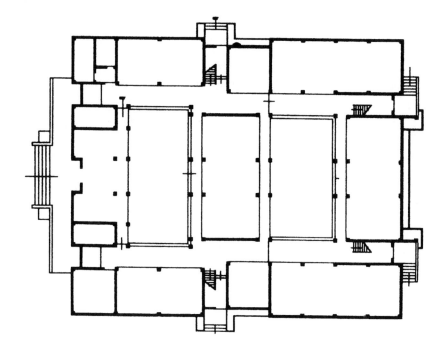

图 4-8

c. 南雄博物馆首层平面

本章注释

[1] 林克明，邓其生. 广州城市建设要重视文物古迹的保护. 见：南方建筑，1981 创刊号

[2] 邓其生，程良生. 岭南古建概论. 见：岭南古建筑，1991

[3] 钟玉声，邓柄权. 岭南古建筑史略. 见：岭南古建筑，1991

[4] 同注 3

[5] 同注 3

[6] 陆元鼎. 广州陈家祠及岭南建筑特色. 见：南方建筑，1995(4)

[7] 邓其生. 岭南古建筑文化特色. 见：建筑学报，1993(12)

[8] 林其标. 亚热带建筑. 广东科技出版社，1997

[9] 汤国华. 从广州人行道热环境看骑楼建筑的去留. 见：南方建筑，1995(2)

[10] 陆元鼎. 广东民居. 见：建筑学报，1981(9)

[11] 潘广庆等. 岭南古典园林拾英. 见：岭南古建筑，1991(11)

[12] 夏昌世，莫伯治. 漫谈岭南庭园. 见：建筑学报，1963(3)

[13] 谢日初等. 一代名园，再展风丰. 见：建筑学报，1997(11)

[14] 夏昌世. 园林述要. 华工出版社，1995

[15] 深圳银湖宾馆资料引自《莫伯治集》（华南理工大学出版社，1994）

[16] 珠海拱北宾馆资料引自《莫伯治集》
[17] 深圳图书馆资料引自《郭怡昌作品集》(中国建筑工业出版社，1997)
[18] 广州中国大酒店资料引自《建筑学报》(1984．10)
[19] 华南理工大学研究生院资料引自林其标《亚热带建筑》(广东科技出版社，1997)
[20] 广东南海西樵云影琼楼资料引自林兆璋《广东西樵山下之明珠》(载于《建筑学报》1994．7)
[21] 广州文化公园园中院资料引自《建筑学报》(1981．9)
[22] 引自郑祖良、刘管平《广州文化公园"园中院"》(载于《建筑学报》1981．9)
[23] 广州兰圃芳华园资料来自实地调研。
[24] 深圳关山月美术馆资料由陆琦博士提供。
[25] 南雄博物馆资料由魏彦均教授提供。

第五章　融合多元建筑文化

　　对外来文化的兼容并蓄是岭南文化的基本特征之一，在这里，外来文化既包括海外文化，也包括中原及内地文化。东西方文化在岭南碰撞，依托特定的气候条件形成了岭南文化的特质。中国大陆改革开放 20 年，珠江三角洲面临着扑面而来的西方各种建筑文化潮流，迟来的现代建筑和晚期现代主义建筑以及后现代主义建筑、解构主义建筑等建筑理论蜂拥而至，令人目不暇接。同时，改革开放的政策，又在广东尤其是深圳、珠海等特区汇集了大量的内地建筑人才。这是中国历史上从未有过的人才潮流，这些人带来了中原及内地四面八方的建筑文化观念、审美情趣和创作理论。除了海外的建筑潮流和内地的人才潮流以外，广东本地的建筑师，具有深厚的地方文化基础，有一大批以华南理工大学为中心的建筑理论研究者和以省、市及各地建筑设计院为核心的建筑设计队伍长期以来持续不断地对岭南的气候、地理等自然环境，以及岭南源远流长的建筑文化进行探索研究，积累了丰富的经验。海外的、内地的和本土的建筑文化形成了岭南建筑新文化的三个基本来源。改革初期，这三种不同的建筑文化，基本上是泾渭分明，互不干扰，即使发生碰撞也十分生硬。于是有了完全照搬西方建筑理论的现象，如现代主义、后现代主义、新古典主义、解构主义等建筑雨后春笋般出现在珠江三角洲，这尤其在经济特区更加明显。这类建筑我们在第三章中进行了详细研究，它们带来了一股清新的空气，对打破当时大陆建筑界沉闷气氛功不可没。但这类建筑没有和珠江三角洲特定的自然条件很好地结合，大多数是利用人工的办法来解决气候问题，再加上在建筑文化上也显得生硬，新是新了，却不亲切，这就断了文脉。另一方面，大量涌入珠江三角洲的建筑师各有各的建筑文化背景，对岭南的自然、人文、历史等特征不甚了解，体现在建筑中，就往往出现脱离当地文化特点、自然特点的现象。事实上，一座建筑并不是建在珠江三角形洲就成了岭南建筑，如果不与当地的文脉相承接，不与当地的气候条件、地理条件相协调，就不可能产生岭南新建筑特有的气质。反过来说，不管建筑师具有什么背景，来自何方，只要潜心研究过岭南的基本特征，并在设计实践中针对这些特征，采取相应的设计对策，所设计的建筑就是一座令人感到亲切的岭南新建筑。创造岭南新建筑正是我们的目标，创造新建筑是建立在西方建筑文化、内地建筑文化与岭南传统文化相融合的基础之上。这一章正是要研究20世纪最后20年，在珠江三角洲出现的多元建筑文化的融合问题。

经分析，我认为住宅作为直接与人的生活发生密切关系的一种建筑形式，最能全面而深刻地反映多元建筑文化的融合，这种融合在住宅的建筑风格、住宅的总体规划、住宅反映的居住模式以及住宅的发展趋势等方面都有充分的反映。因此我们就以珠江三角洲的住宅为重点，对20世纪最后20年珠江三角洲多元建筑文化的融合进行剖析、研究。

第一节　珠江三角洲建筑多元发展的背景概况

改革开放20年，珠江三角洲的经济发展十分迅速，人民的生活水平也得到了很大提高，广东城镇居民人均可支配收入从1979年开始平均每年增长17.3%，平均每人每年可支配收入在1997年就达到了8561.71元，名列全国第一。全省城乡居民储蓄存款余额1979年以来每年平均增长35.3%，也为全国第一。[1]

经济的发展，富藏民间，为住宅的发展打下了坚实的基础。广东人自古以来善于经商，"商"文化的底蕴十分浓厚，置业立家是几乎每一个广东人的传统理想。有了钱，首先是买房子，再有了钱就换好房子、大房子。近几年来，广东人接受了海外的供楼观念，在住房方面超前消费。再加上大量来广东发展的外地人，想要扎根广东，首先想到的也是买一套房，这就形成了广东广阔的住宅市场，刺激了房地产业的迅速发展。据广东省统计局的资料，1998年广东全省房地产业增加值为363.5亿元，比1978年增加近264倍。20年来，广东房地产业年均增长率高达30.76%，比国民经济发展速度高出10个百分点左右。广东全省城镇居民人均住房面积在20世纪90年代末达到12.5平方米，比1980年增加了6.07平方米。广州市居民人均住房面积在90年代末达到13.02平方米，比1980年的4.87平方米增长了1.7倍。人均居住面积指标超过了国家规定2000年12平方米的小康标准,并接近中等收入发展中国家水平。深圳的住宅发展更加迅速,开埠以来十余年间,建了各类住宅5484.6万平方米,人均住房面积达15.9平方米,远远超过了国家规定的小康标准。

20世纪90年代,开始了住房制度的改革,持续了几十年的福利分房制度走到了尽头。福利分房造成单位职工在住房问题上对政府的过分依赖,使政府日渐不能承受巨大的缺房压力。由于住宅不是商品,而是一种福利,论资排辈、以权谋私的不公平现象难以避免,也由于住宅不是商品,政府只有支出,没有回收,形不成良性循环,政府不堪重负,住房质量也难以提高。

1994年广东顺德市率先实行了货币分房。各地竞相效仿顺德的做法,也开始逐步走出福利分房的怪圈,建立货币分房制度,把住房消费理入职工工资中去,职工要住房,可以根据自己的经济承受能力去市场购买商品房。20世纪90年代末,广州就有60%以上的单位职工参加了房改,拿到了全产权。广东省于2000年1月1日起,全面停止住房的实物分配制度,实行货币分房。

货币分房制度切断了国有企事业单位福利分房的后路,把这些部门的职工推向市场,大大增加了商品住宅市场容量。广州在实行货币分房的过程中,商品房的销售市场就扩大了许多。据1998年12月14日《广州日报》记载:"受国家取消实物分房、实行住房分配货币化等房改政策的影响,以及商品房抵押贷款的广泛实施,有效地提高了商品房的实际购买力,导致商品房,尤其是商品住宅市场活跃,成交畅旺。今年1至11月,全市实现商品房销售面积252.4万平方米,比去年同期增长61.7%,实现销售金额131.89亿元,增长75.6%。在商品房销售面积大幅度增长的同时,商品房预售市场也非常活跃,预售面积大幅度增长。在商品房市场,商品住宅表现尤为突出,正逐步成为消费热点。"

允许已购公有房上市交易,以及逐步健全活跃的二级房地产市场,使潜在的住房需求转化为有效需要,更进一步地扩大了商品房市场。1999年仅广州的商品房竣工面积就达到550多万平方米。有关部门推测,以后5年内,每年商品房竣工面积将在500万平方米左右。

珠江三角洲住宅正是在上述经济腾飞、藏富于民、置业习惯、供楼观念、房地产开发、货币分房等背景情况下得以迅速发展,并在发展过程中完成了多元建筑文化的融合。

第二节　珠江三角洲建筑的风格

图5-1　广州天河广场

珠江三角洲建筑的风格,不同楼盘各不相同,变化万千。20世纪80年代,国门初开,人们对现代建筑感到好奇,在渴望现代生活的普遍心理推动下,住宅的风格大量地采用了现代主义的形式(图5-1),也有部分采用了后现代的建筑形式,在移民城市深圳更是如此,现代主义风格的高层住宅如雨后春笋,拔地而起。现代建筑功能第一、反对装饰、从内到外的设计手法,在住宅设计中很难跳出单调乏味的怪圈,因为住宅几乎每层都一样,受居住功能的限制,立面造型的自由度较小,以致形成了大片大片的国际式方盒子建筑群。现代建筑冰冷的面孔终于令人产生厌恶之情,人们开始对现代主义的建筑进行改造,坐落在深圳世界之窗的桂花苑就是这方面的一个实例。设计者利用桂花苑紧临世界之窗的地理特点,在典型的现代建筑的

图5-2　深圳桂花苑

外墙上，喷涂了一幅巨大的世界地图，使单调死板的外形突然变得鲜活起来，赋予了建筑十分明显的个性特征（图5-2）。对现代主义建筑类似桂花苑的改造，人们还觉得不够，于是，在高层住宅的电梯机房、女儿墙檐口、窗套、裙房等处大作文章，在西方现代主义建筑之前的各种建筑风格中去寻找符号和手法，终于形成了所谓的欧陆风格。欧陆风格的住宅建筑在20世纪90年代盛行于珠江三角洲，除特区见得少一些外，其余各地的大多数住宅小区都可以见到这种风格建筑的影子。所谓欧陆风格其实是新古典主义建筑、文艺复兴建筑、哥特式建筑的混合体，是对现代主义建筑以前各种建筑风格的集仿，尤其是对古希腊、古罗马建筑的模仿。带有贵族风范的欧陆风建筑在珠江三角洲长盛不衰，反映了先

图5-3 a. 广州天立大厦

图5-3 b. 广州二沙岛别墅

第五章 融合多元建筑文化

富起来的人们对尊贵、堂皇、壮丽的追求,人们居住在这种风格的建筑里可产生一种成就感(图5-3)。中山小榄镇是一个相当富裕的城镇,其发达程度决不低于内地的一个小城市。在这里人们大量建造自己的私家别墅,并且无一例外地选择了欧陆风格。由此,专门生产古典柱式、檐口、窗框、花坛的行当十分兴旺,制作水平也越来越地道。1998年广州纪念改革开放20年之际,通过媒体兴师动众地评出了十大明星楼盘,包括翠湖山庄、洛溪新城、丽江花园、碧桂园、金桂园、世纪广场、汇侨新城等(碧桂园作为广州外围楼盘特选),其中80%以上的楼盘都带有欧陆风格建筑的痕迹。

在现代主义与欧陆风格的建筑之外,珠江三角洲的住宅小区

图5-4 广州岭南会侧立面、正立面

中还有一种具有岭南情节的"岭南风格"。这种风格表现在两个方面:一方面是外观上继承了民间建筑的特色,一般都会对岭南民间建筑符号作一些提炼和变形,并且往往和现代主义或欧陆风格混合在一起,如广州二沙岛上的岭南会高级公寓(图5-4);另一方面,建筑的外观取现代风格或欧陆风格,但特别注意与当地气候和地理条件相结合,建筑与园林相结合,尊重岭南人的生活习惯和居住模式,岭南建筑的基本理念体现在住宅小区的建设中,这类住宅小区将多种建筑文化融为一体,代表了住宅发展的方向。

第三节 珠江三角洲小区总体规划

经过20年的发展,随着经济水平的提高,老百姓购房能力的增强,以及分房制度的改革,珠江三角洲的房地产日趋成熟,居住小区的建设也日渐完善。在居住区开发中,以人为本的理念得到广泛

的接纳。从居住小区的总体规划来看，突出了配套齐全的规模化居住小区概念以及低密度、高容积率、天人合一、回归自然、强调环境、防止污染的概念。诸多的小区规划新概念，包含了对人的尊重，对自然特点的认同，也就包括了中西文化的融合。

一、规模大　配套齐

20世纪80年代初期和中期，商品房作为一种新的住房形式刚刚兴起，由于整个国民经济水平低下，普遍实行福利分房制，商品房的市场十分狭小，开发商的实力也有限，房地产这个新的行业处在起步阶段。这个时期的商品房开发往往是小规模的，单幢或几幢连体开发。还有的开发商急功近利，不研究人这个居住主体的需求，单纯建房，追求厚利，往往把楼房尽可能地充满整个用地范围，以求得最大的出售面积。80年代末以后，经济发展已经取得了相当的成就，老百姓的人均可支配收入的指标大幅度提高，再加上住房制度开始取消福利分房，而向货币分房过渡，商品房的市场得到了很大的拓展，房地产开发商的实力也日渐雄厚，商品房开发逐渐完成了从单幢开发向规模化开发的过渡。规模化开发的居住小区，作为城市大居住区内的一种完整的结构单元，居住人口一般都在万人以上，数千户住户自然有不同的消费要求，随着人们生活水平的提高，这种要求将更加广泛多样，人们不但有更高的物质要求，还有对环境、艺术、休闲、社交等方面的精神要求，因此小区内就一定要有为居民日常生活服务的公共设施，包括学校、幼儿园、商场、邮局、银行、餐饮、娱乐、交通等设施。在这些配套设施中，最特别的是小区会所。改革开放之初，广东人并不知道会所为何物，80年代末，香港商人区启棠先生在广州文化公园内创立了悦威会（健身中心），以出售会籍吸收会员的模式开创了广东设立会所的先河。90年代，香港的屋村会所概念传入广东，小区的住户惊奇地发现就在自家楼下或附近，小区为自己提供了一个会客、休闲、康体、娱乐的场所。会所是对传统住区邻里关系的扬弃，广东民风讲究"远亲不如近邻"，老城区、街坊邻里之间同声同气，亲如一家。而现代单元式住宅楼则存在"邻里之声相闻，老死不相往来"的通病，淳厚的邻里之情荡然无存。会所则使居民有了一个社交的场所，又抛弃了旧式邻里关系中无隐私可言的糟粕。如广州的保利丰花园，设立了松鹤会、精英会、朝阳会三大会所。松鹤会以老派的岭南生活娱乐习惯为主，设有粤剧社、茶艺社、书画社、棋艺社、园艺社、讲古诗社等，为老年人提供颐养天年、娱乐休闲、聚朋会友的去处；精英会则满足青年人经商投资、健身娱乐等时尚要求，开辟酒吧、舞厅、桌球、壁球、股市、沙龙等；朝阳会供少年儿童嬉戏、游乐。为了满足人们多样化的居住要求，大规模、配套齐全、拥有完整生活空间的大型现代化小区已成为珠江三角洲商品房开发的主流。

广州海珠半岛花园占地15万平方米，位于广州滨江东路，北与二沙岛隔江相望，东临中山大学，江岸线长达138公里，足见小区规模之大。小区内建有12幢高层和超高层商住楼，小区充分利用临江的特点，设有游艇码头和游艇俱乐部，还建有大型的水上公园和航海模型俱乐部，室内外游泳池、冲浪池、壁球室、网球场、溜冰场、商场、酒家、学校等一应俱全。

广州金碧花园位于广州河南江燕路与江南大道之间，横跨工业大道，占地52万平方米，建筑面积200万平方米，居住人口达10万以上，规模可谓大矣。住宅楼采用欧陆式建筑风格，围合组团式布局，200多幢楼宇错落有致地环绕在各个主题花园四周。小区整个绿化面积18万平方米，绿化率达35%，1.6万平方米的中心花园和彩色音乐喷泉精彩纷呈，维多利亚瀑布蔚为壮观。整个小区花园面积达6万平方米，5个超过1万平方米的人工湖碧波淼淼。

金碧花苑的公共配套设施十分齐全，小区内设有幼儿园、小学。康乐中心内设桌球、乒乓球、健身房、图书馆、投影室、棋牌室、老年活动中心。欢乐城内设有各种风味小吃、游戏机室、礼品屋、咖啡屋、果什店等。千卉街市经营海鲜水产、肉类、蛋禽、熟食、烧腊等。还有超市、银行、医院、运动场等等设施。

金碧花苑以巨大的规模、齐全的配套、优美的环境，在1997年8月9日创造了一期推出323套住宅当日售罄的记录，轰动羊城。1998年被广州市民评为"十大明星楼盘"之一。金碧花苑的成就，正说明了居民对大规模、配套齐的小区的认可。

二、低密度 高容积

20世纪80年代到90年代中期，珠江三角洲的住宅还有许多不设电梯的中高层建筑，一般建到9层。在不装电梯的情况下，9层应当是人们日常居家生活的极限高度，受这个高度的限制，又想尽可能地提高容积率，那就只好增大小区的建筑密度压缩建筑物的间距。这种高容积率、高密度的居住小区通风、采光等自然环境都十分不理想。大量建设这类小区，恶化了城市的居住环境，尤其在珠江三角洲的一些小城镇，规划管理不力，建筑物之间的间距只留1米宽的滴水线，环境更为恶劣。1997年广州开始执行7层以上的住宅必须装电梯的规定，考虑到电梯的成本，再建9层左右的中高层建筑就十分不合算，逼迫建房者不得不建高层。政府的这个十分正确的政策，引导居住小区的建设走向了低密度、高容积率的道路。低密度、高容积率为扩大小区内的园林绿化面积创造了条件，有利于提高生活品质。当然，这里所说的高容积率只是一个相对的概念，并不是越高越好，容积率应受到合理的人口毛密度的制约。

小区中高层住宅之间的间距控制以及与用地范围外高层建筑之间的间距控制是小区规划中的重要指标，它直接关系到小区范围的建筑物理环境的好坏。内地一些城市，高层之间的间距只受防火间距的限制，而不考虑日照间距和通风的要求，势必造成钢筋混凝土森林的现象，居住环境不理想。广州在这方面的规定则考虑得较为全面，《广州城市规划管理办法实施细则》规定：新建小区60米以下的高层建筑南北间取楼高的1倍，60米以上部分单方再按每升高4米增加1米间距递增。次要朝向间距，60米以下不少于防火要求的最小间距13米，60米以上部分单方再按每升高4米增加50厘米间距递增。按照这个规定一般18层的住宅之间都能保证首层在冬至日有1个小时的日照要求，18层以上，考虑到经济的因素对间距打了一些折扣。这样既考虑了用地的经济，又基本满足了日照间距和消防的要求，并且以合法的形式保证了绿化用地，控制了高层住宅的密度，使高容积率、低密度的规划理念得以实现。

三、污染小 环境好

居住小区的环境质量由三个因素决定：首先是居住小区的物理环境；其次是居住小区的绿化环境；第三是居住小区对污染的防治状况。统计资料表明，消费者购置商品房必须考虑的地段、售价、环境、装修、设计、开发商信誉、配套等七大因素中，对居住环境的选择仅次于地段和售价。所有面向中心花园的住宅单元，无论朝向如何，都成为客户的首选。因此，居住小区的环境是居住质量的重要指标。

珠江三角洲的居住小区，为了创立良好的人居环境，在规划上考虑的一个重要因素，就是针对当地亚热带湿热气候的特点，采取通风隔热的措施来改善居住小区的热环境。这也是珠江三角洲居住小区的地方特色之一，同时，现代化的住宅与当地的地域文脉相结合也是一种多元建筑文化融合的形式。

建筑物理学认为，影响人体舒适感的因素，主要有温度、湿度、辐射温度和气流速度。当气流速度在0.1米/秒到0.3米/秒的范围内变化时，相当于环境温度变化了1.5℃左右。因此，在小区规划中组织自然通风、提高环境的气流速度可改善住宅的热环境，令人感到舒适。建筑物间的自然通风，主要是由于建筑物的门窗等开口处存在着风压差而产生的。风压差的大小与建筑群的朝向、建筑间距、建筑群布局形式有关。通常采用"窗口风速比"这个指标来衡量住宅群体的自然通风效果。"窗口风速比"就是平均住宅窗口风速同室外平均风速的百分比，此值越高，自然通风效果越好。

珠江三角洲地区7、8月份太阳总辐射强度以南向和北向最小，东向和西向最大，由于东南和西南朝向所接受的太阳辐射量远远大于正南，所以，从隔热的角度看，正南或南偏东15℃以内为最佳朝向。气象资料表明，珠江三角洲夏季气温在30℃～33℃时，室外风速变化的范围是由东南至南，居住小区一般着重考虑东南至南的室外风向，使夏季主导风向与住宅楼保持适宜的风向入射角。在珠江三角洲最佳的风向入射角为45℃～60℃。此时建筑的窗口风速比最高。窗口风速比这个物理指标，除了和朝向及风向入射角有关以外，还与建筑物的间距有密切关系。建筑间距越小，窗口风速比越低。过小的间距，会破坏住宅的热舒适性，使住宅丧失良好的自然通风、隔声、采光和日照。为了满足夏季自然通风、降温，冬季保证冬至日和大寒日的日照时数，住宅楼间南北向的最小间距一般等于南向建筑的高度[2]。

从建筑群的角度看，适当加大住宅楼山墙间的间距，能使下风侧的住宅获得良好的自然通风。山墙间距的大小，主要取决于住宅南北向的间距，此间距越大，山墙的间距就应越大，便有足够的空气作用在后排住宅上。另外，在高层与多层住宅混合布置的小区中，一般都把高层住宅放在小区的下风口，如小区的北侧或西侧，以避免上风侧的住宅遮挡下风侧住宅的自然风。

在珠江三角洲的居住小区中，当以9层以下中高层的条型建筑为主时，常采用行列式、错列式和斜列式的布局形式，也有根据地形作自由式的布局。而以高层住宅为主的住宅小区则多采用三面围合的周边式布局。20世纪90年代中期以后，高层住宅小区成了珠江三角洲地区居住小区的主流。高层住宅小区适应当地的气候特点，多以塔式高层住宅为主，几乎不采用对自然风遮挡过大的板式高层，即使在特定条件下，塔式住宅并联太长时，也会在联体部分留出巨大空洞以利通风。

塔式高层住宅作周边布置，中间围合形成集中的中央庭院。首层全部架空，庭院绿化、水池向架空层内延伸，这成了20世纪90年代珠江三角洲高层住宅小区的规划模式。这种集中的中央庭院，具有丰富的文化内涵，优美的绿化环境，视线宽阔，通风透气，内外空间融为一体互相渗透，深受住户的热爱。

亲水近绿是广东人对生活环境的基本要求之一。1997年5月，天河区府投资2个亿在原东郊公园的基础上建成天河公园，结果带旺了一片楼市。公园周边楼盘每平方米价格由3千元飙升至6千元，形成所谓"天河公园概念"。在天河公园周边形成了由东逸花园、东晖花园、华港花园等组成的较高档次的生活区。

1998年广州火车站和中天大厦之间，建了一个5万平方米的地毯式广场，绿化广场的建成使周围的楼盘每平方米平均增值1000多元，绿化广场东侧的天誉花园直接受益。天誉花园西向住宅单元，原为最不好卖的单元，后因面对大型绿化广场，结果以较高的价格，在短期内销售一空。

除了借景城市绿地、提高住宅环境质量外，许多居住小区自身也十分注重小区内的绿化美化，前面曾提到的金碧花园不但规模巨大，配套齐全，在绿化方面也十分独特。小区内的千卉花园，参照法国枫丹白露园及加拿大维多利亚岛花园设计，以花为特色，引进了花期各异、色彩斑斓的名贵花种300多种，其中有不少稀有的名贵精品，如欧洲报春、美女樱、花无痕等，一年四季鲜花盛开。正在兴建的森林广场，占地6000平方米，周围是低矮灌木，广场中部是高大的乔木和果树，从神农架、黄帝陵和炎帝陵等地引入特种树种。整个森林广场中，从下向上看遮天蔽日，从上向下看绿海碧波。森林广场成了小区的天然氧吧。

居住小区的污染主要指大气污染和噪音污染。大气环境指标主要是空气中一氧化碳和一氧化氮以及悬浮颗粒的浓度。大气中的一氧化碳具有影响人体血色素与氧交换输送机能的强烈毒性，是呼吸道疾病的诱因。大气中悬浮颗粒浓度的增加会导致大气能见度下降及太阳辐射损失。噪音则造成人的听力受损，呼吸困难甚至危及生命。珠江三角洲的居住小区在防止大气污染和噪音污染方面最典型的做法是：车行道不与住宅直接接触；住宅楼围成的中心庭院地面升高或降低不允许机动车辆进入，形成步行区域。人车分流，车沿周边进入地下停车库，通过地下车库内核心筒的垂直交通系统与各户取得联系。小区花园内因为没有车辆出入，既提高了安全度又有效地降低了小区大气中一氧化碳、一氧化氮和悬浮物质的浓度，还防止了交通噪音对居住区的污染，可谓一举数得。广州翠湖山庄的总体布局是这方面的典范。当然前面讲到的绿化，本身也是防止环境污染的良好措施。

第四节　珠江三角洲的居住模式对建筑的影响

居住模式是由人们的居住行为所决定，而居住行为又受到生活习惯、自然环境、风俗以及家用现代化设备等因素的影响。居住行为包括家庭娱乐、合家团聚、接待客人、用餐、烹调、就寝、学习、入厕、洗澡、盥洗、洗衣、晒衣等内容。广东人对厅十分重视，往往以厅为中心组织家庭生活。粤中民居中的厅堂相对卧房都大得多，家人常在厅堂内团聚、祀祖、教子、会客，举行婚丧嫁娶等各种仪式。尽管现代的单元式住宅与三间二廊式的民居已大不相同了，但厅仍然是广东人家居活动的主要场所，具有团聚、娱乐、就餐、接待客人等多种活动功能，是住户每天使用频率最高的地方。鉴于此，"大厅小卧"就成了珠江三角洲的基本居住模式之一，这种模式对全国的住宅形式产生了巨大的影响，到 20 世纪 90 年代末，在内地已经看不到"小过厅，大卧室"的住宅平面布置了，代之以"大厅小卧"的形式。

珠江三角洲大厅小卧的住宅平面，往往是开门见厅，其余房间靠后设置，客人来访，只在厅中活动，未经主人允许，不宜进卧室。总面积较小的住宅，厅多兼作各功能分室的交通过道。由于厅内开门太多，影响了厅的使用，面积较大的住宅，在厅的内侧增设一段小过道，导入卧室和卫生间等，增加了卧室的私密性，扩大了厅内可利用的墙面，动与静、内与外得到了很好的区分。厅的大小由每户总面积的大小决定，根据珠江三角洲居住的实态调查，厅的最小面积应在 14 平方米以上，面积许可时取 20～30 余平方米，开间 5

米左右的客厅较受欢迎。至于珠江三角洲小城镇的私家住宅，厅的面积甚至达到100余平方米。

"大厅小卧"中的"小卧"是一个相对的概念，卧室不是越小越好。卧室除了供住户就寝外，许多住户还在卧室内学习、工作，小孩也多在自己的卧室内做功课。居住实态调查表明，92%的住户都是在卧室内学习或工作[3]。因此，卧室的面积大小应以床和书桌的基本尺寸为控制因素，而不能只考虑床的尺寸，做到大小适度，满足人们在卧室内的行为要求，在这个基础上尽可能地压缩卧室面积，在总面积不变的前提下，扩大厅的面积。

双厅双卫是珠江三角洲地区的另一种居住模式。这种模式对内地仍然产生了深刻的影响。居住实态调查表明，94%的家庭愿意在餐厅里用餐，随着经济条件和人均居住面积的增加，餐厅逐渐从客厅中分离出来，形成双厅。餐厅和客厅一般都放在一起，即所谓的LD形式。中间用低矮家具或木制花格、博古架等分隔，既有功能的区分，又不隔死，使客厅更显得宽敞通透，适合南方地区气候的特点和以厅为中心居家的生活习惯。在高层塔楼式住宅中，由于多采用适合当地气候特点的井字形平面，一梯八户，每户入口接近核心筒，光线较暗，因此，往往把对照度要求相对较小的餐厅放在入口处，客厅紧接餐厅，客厅与餐厅之间不作分隔，客厅可直接采光，显得宽敞明亮。但这种开门见餐厅的布局方式，使用起来也有缺点，尤其是就餐时有客人来访，甚为不便，再加上餐厅相对零乱，正对入口不雅。较为理想的方式是餐厅与客厅间呈L型布局，开门见客厅，餐厅相对隐蔽，客厅和餐厅之间仍然不隔死，似隔非隔，可增加层次感，使空间更加丰富，也更符合广东居家习惯。

广东人素有冲凉的习惯，无论春夏秋冬，无论条件如何艰苦，每天冲凉是必须做的事情，这与当地气候条件有关。20世纪90年代中期，随着居家条件的逐步改善，人均居住面积的增加，受香港的影响，出现了双卫生间的居住模式。两个卫生间内外有别，主卧室内套一个卫生间，卫生洁具较高级，专供主人使用。外面的卫生间为节约管线，一般设在厨房附近，供次要卧室和客人使用。在面积许可的条件下，也有每间卧室都设卫生间的情况，甚至工人房都有独立的卫生间。卫生间内都有淋浴设备，以适应广东人冲凉的习惯。由于淋浴沾湿面积大，卫生间内洗澡都是装浴盆，淋浴房出现后，人们感到浴盆不卫生，每天使用也不方便，到 90 年代末，淋浴房甚至带桑拿的淋浴房逐步取代浴盆成为卫生间内的主要设备。

珠江三角洲住宅的厨房一般都是单独设置，不与餐厅混合。餐厅(D)与厨房(K)设在一起之间没有隔墙的所谓 DK 式厨房在西方十分流行。西方的饮食是以西餐为主，加工方式也是以电磁炉、微波炉为主。受西方文化的影响，DK 式厨房也曾出现在珠江三角洲，但这种形式不合广东人的生活习惯和自然环境。广东住宅由于在南向设置主要房间，厨房多在北向，通风性能相对较差，居民喜吃鲜活，厨房易脏易湿，腥味大，中国菜用油较多，煎炒是主要的手法，油烟很难及时排除。液化石油气燃烧后排放的一氧化碳和一氧化硫等有害气体受排烟设备的限制也不易及时排除。这样的环境显然影响进餐的气氛，再加上广东人进餐时，喜欢全家团聚在一起，边吃饭边看电视、听音乐，因此来自西方的 DK 式厨房还没有普及就被淘汰，广东人选择了适合自己生活习惯的 LD 形式，即厨房独立、餐厅(D)与客厅(L)连在一起。这说明了岭南文化对西方文化的吸纳并不是无条件的，而是有选择的以实用为主的融合。这正是岭南文化得以不断更新发展的原因。

广东人均居住面积已经超过国家建设部规定的小康住宅标准。广州市、深圳市、珠海市的人均居住面积更大，在这种情况下，出现了面积比较宽裕的双流线住宅和复式中空住宅等新的居住模式。这种居住标准高于小康水平的住宅，被深圳大学建筑设计研究院院长许安之教授称为"后小康住宅"。

双流线住宅就是把主人行为流线与佣人行为流线分开，使佣人无论是长住还是钟点工的工作行为都不影响主人的居住行为。双流线设计将佣人的出入口与入户门分别设置，佣人住房套在其主要工作空间厨房内，并设有专供佣人使用的卫生间。佣人除打扫卫生外，工作和休息都不会造成对主人居住行为的干扰。若是请钟点工，家人又全部外出，只需锁上厨房通向客厅的门和大门，工人则从侧门进出厨房工作，主人无需按时按点回家开门等候工人，且无失窃之虑。再则采购的肉菜及生活垃圾可直接进出厨房，不至污染客厅。

复式中空住宅的设计思路来自海外，一经推出就受到珠江三角洲住户的青睐，每层均为复式中空住宅的广州珠江新城名门大厦领导了这种居住模式的潮流，市场出现热销，各房地产公司竞相效仿。究其原因是楼中楼的设计空间富于变化，给人"空中别墅"的概念，令习惯在一个平面上生活的住户倍觉新奇。复式建筑多把客厅、餐厅、厨房、卫生间、工人房、客房放在下层，上层设置家人卧室及卫生间、书房等，主卧室设计比较讲究，一般套有专用卫生间，卫生间与卧室之间有进入式衣橱，以便容纳主人的全部衣物被褥，进入式衣橱内有的还设有梳妆台。主卧室卫生间内有大型按摩冲浪浴缸或单人蒸汽浴室。所谓复式中空就是把客厅空间增高，使之贯通二层，外设2层高的露台形成室外中庭，弧形梯在高敞的客厅内盘旋而上，使空间构成十分丰富。当然也有的复式住宅并不设贯通二层的客厅，而是在客厅的上面设置第二层起居空间，这样虽不如中空客厅气派，却提高了空间的利用率，楼上有一个较大的起居空间，用起来也十分方便。复式住宅多放在高层住宅的顶部，由于平面与标准层的差异形成另具一格的外观形象，可使高层住宅的立面变得丰富，特别有利于古典的三段式的构图手法。复式放在顶层还可使电梯机房不突出屋面，机房可放在与复式的上层相平齐的平面内。这样可改变塔式住宅顶部总有一个突出实体的形象，使住宅建筑的外观多样化。

  20世纪90年代末，随着地价的高涨，一般户型趋向小型化，为改善卧室内因空间狭小产生的压抑感，争取更多的光线和更广阔的视野，低窗台的凸窗应运而生，这种窗凸出外墙30厘米，窗台宽约50厘米，窗台高仅45厘米，相比传统的90厘米高窗台，在尺度上出现了较大变化，其优点首先是使人感到室内有所扩大，心情舒畅；其次，人无论是站立还是坐下，都可凭窗眺望窗外景色，视野开阔；再次，若将凸窗做成折线型，还可增加采光面积。尽管这种窗突破了传统的尺度概念，但由于窗向外凸，人向下看的视线被宽阔的窗台板遮挡，临窗并无临渊之感，不会产生恐高的心理。另外，凸窗在90厘米以下的范围内装固定玻璃，也增加了它的安全度。凸窗的上沿可用作放置空调的户外机，适当处理还可美化建筑外观。

  珠江三角洲住宅的现代化水平已经达到了相当的程度。厨房内传统的砖砌水磨石或白瓷片洗切基已被成套的厨房吊柜和厨具所代替，微波炉、消毒柜、电饭煲、电冰箱、电磁炉、抽油烟机等电气设备使厨房空间扩大，质量提高。卫生间内逐步出现盥洗、便溺和淋浴分隔开的趋势，洗衣机开始放到卫生间前一个小空间内，既方便用水、排水，也不会因放在卫生间内受潮生锈。卫生间和厨房使用的热水系统也逐步走向集中化，在适当位置设置自动化程度较高的大型立式热水器。柜式、吸顶式、窗式、分体式各种空调的电源，穿墙孔和户外排水管，都是住宅设计中必须考虑到的因素。程控电话、闭路电视甚至计算机网络，都进入了珠江三角洲的住宅。

第五节　珠江三角洲的小区典例

本节以广州有代表意义的楼盘翠湖山庄、锦城花园、东风广场、名雅苑和深圳著名的华侨城以及碧桂园、番禺丽江花园为例，对珠江三角洲的小区作一番剖视，从与人的生活最为密切的居住建筑中透视多元建筑文化的融合和居住模式的发展趋势。

翠湖山庄[4]（图5-5）是1998年广州十大明星楼盘之一，由华南理工大学建筑设计研究院设计。中国工程院士、设计大师何镜堂先生参与了规划。庭园绿化等环境设计由香港园林师协会会长刘兴达先生完成。

翠湖山庄坐落于广州市天河区，由16幢16～32层的住宅楼组成，其建筑风格最恰当地体现了多元建筑文化的融合，现代主义的设计手法与古典主义的建筑符号结合在一起，又适应岭南的气候特点，将首层架空并与中国式、日本式、美国式的庭院融合，各种风格的园林在"万象翠园"这个主题中找到了自己的位置。

图 5-5

a. 广州翠湖山庄

配套齐全的规模化小区概念，天人合一、回归自然的概念，低密度高容积率的概念，利用新技术架空首层的概念，院内无行车、动静有别、减少污染的概念等诸多新概念都在翠湖山庄中有所体现，凸显了翠湖山庄令人惊奇的特点。

翠湖山庄按照低密度、高容积率的原则设计，利用最新技术钢管高强混凝土柱架空首层，形成了5米高的宽敞空间并与院中绿地融为一体。在54000平方米的用地范围内，构成了40000平方米的园林绿地。园林绿地面积约占总用地面积的4/5，户均庭园面积达20平方米。底层架空相当于把住宅建在了空中，可说是新条件下的"干阑复兴"。这种做法一方面扩大了庭院面积，使空间通透，另一方面改善了居住质量，特别适合南方的气候条件，它已经越来越广泛地被广州的居住小区所采用。

人源于自然、亲水喜绿，翠湖山庄针对这个特点在40000平方米的园林绿化地上作足了文章，创造了一种中西文化融会贯通、天人合一、回归自然的居住环境。

翠湖山庄总平面呈马蹄形，16幢高层住宅沿周边布置，围合形成大片绿地。南端开口处是小区的会所，门前二匹骏马雕塑生龙活虎，朝气蓬勃。会所西侧林阴藤蔓、曲径通幽，花径两侧一组小巧玲珑的汉白玉雕塑以中国成语和民间故事为题材，"熟能生巧"、"举棋不定"、"三个和尚没水吃"、"铁棒磨成针"等等，妙趣横生。会所东侧，圆形的罗马柱廊格外醒目，廊内塑胶漫地，柔软而有弹性，足以令儿童欢呼雀跃，仰望天空，看白云飘过，激起多少童趣。柱廊边的地上有一个硕大的国际象棋棋盘，孩子们抱着与身材等高的木雕国王、武士在黑白相间的棋盘上冲杀，启迪了多少智慧。会所的北面，日光泳池波光粼粼，池边重岩叠嶂，瀑布轰鸣，山岩内藏时空隧道，山岩上刻唐诗宋词。高尔夫练习场上遍植矮脚虎草，为住户提供8条球道练习推杆能力。美国牛仔屋、日本清水吧风格迥异。烽火台、海盗船、溜冰场童趣无穷。架空层内更是别有洞天，灵泉飞瀑、潺潺流水、粉墙灰瓦、竹篱柴扉、飞来仙亭、小桥流水，

图 5-5
b. 翠湖山庄会所

依稀江南风情，更有自由神龛、摩登广场、生命之泉各种景点50余处，步移景换，目不暇接，真可谓名符其实的"万象翠园"。为了让春夏秋冬各种花草树木能交相辉映，翠湖山庄在"万象翠园"内引进了包括墨西哥酒瓶椰子、加拿大海枣、红棕榈、日本葵、非洲龙舌树等在内的120多种名贵树种和杨桃、桂花、玫瑰等300多种时令花卉，并在中山市专门建立了一个温室，用了一年多时间让一些不服水土的名贵花木逐渐适应环境，可谓独具匠心，别出心裁，了却了都市人在大自然的怀抱中安家的心愿，同时使环境噪音降低了10~15分贝，空气污染指数（AIP）也小于90。

为了保证居民在"万象翠园"中安静休闲，避免出现不安全因素，翠湖山庄沿周边设车道，车辆通过隐蔽的入口进入地下二层车库。"万象翠园"地面高于车行道，以确保车辆不能进入人们的休闲空间，确立了人车分流的安全交通体系。

翠湖山庄形成了完整的生态环境。清流从山石上跌入碧池，奇花异草显出鲜明的四季，飞鸟掠过枝头，白鸽信步石径，居民在池中畅游，在绿地上挥拍，在绿树掩映的亭榭中读书聊天，或是走进建筑风格与小区环境融为一体的会所中休闲娱乐……正如"万象翠园"的设计者、香港园林师协会会长刘兴达先生指出的那样：经济飞速发展的中国居民有权要求在21世纪拥有一种代表着较高社会文化水平的生活方式和生存空间。

翠湖山庄的会所面积10000平方米，迎合了现代人追求健康生活的趋势。主要设施包括高尔夫球和网球的电脑模拟练习场、壁球场、桌球馆、羽毛球场、健身中心、阅览室、卡拉OK、老年活动中心及中西餐厅咖啡厅、酒吧。还为女士专设了美容院、韵律操、兴趣室（插花、茶道、仪态、外语、钢琴），为儿童准备了游戏室、乒乓球室、攀岩室等等。会所功能众多，男女老少皆宜，业主在会所内食得称心，玩得开心，家人放心。这势必成为21世纪生活小区内会所的发展趋势。

除会所外翠湖山庄还在地下一层设置了洗衣店、商场、大型超市、花店、餐厅、汽车美容等配套设施，并为业主提供了专业酒店式服务，例如月套餐服务计划，每月付一定的费用即可享有洗衣、烫衣、送餐、清洁、托儿、维修等数十项居家服务，住户打一个电话，即可获得上述服务，大大提高了居家品质。

广州锦城花园[5]（图5-6）是1998年广州市民评出的十大明星楼盘之一，由深圳华森建筑工程设计顾问有限公司设计。坐落在广州市

图 5-6　a. 锦城花园高层住宅楼

图 5-6　b. 锦城花园阳台细部

第五章　融合多元建筑文化

东风路与中山一路之间,与东竣广场相邻,占地面积 50000 平方米,总建筑面积 160000 平方米,由 20 幢高层和超高层住宅楼构成。其总平面不以简单密集排列方式,而采取自由舒张的围合,宽敞的绿地和舒畅的空间,在闹市中闹中取静,用地的南面迎着主导风向布置若干幢 12 层住宅,在北面下风口布置 4 幢 32 层的超高层住宅,通风良好,具有舒适的热环境。小区内配套齐全,小学、幼儿园、会所、儿童乐园、游泳池、网球场、地下车库应有尽有。

锦城花园的建筑风格仍然是现代建筑与欧洲古典建筑融合的结果,同时充分考虑了当地的地域特征,是多种建筑文化的综合体。4 幢超高层建筑,两两连为一体,顶部采用古典式镂空构架,裙房与塔楼之间架空,设置空中花园和中心庭院相呼应,进一步改善了小区的通风条件。14 幢 12 层的高层住宅最具特色的是镂空的阳台。通透的栏杆可导风入屋,与厚重的线条重叠疏密有致的底座形成强烈对比,成了锦城花园与众不同的标志。

锦城花园的标准层平面备受广东人的喜爱,12 层采用广东多层建筑中常见的 T 字型平面,这种平面能使每户都有南向的阳光,并都能面对夏季主导风向,在关门的情况下,也能形成穿堂风。超高层住宅则采用了一种蝶形的平面布局,双厅双卫、大厅小卧、工人

图 5-7
a. 广州东风广场模型

的独立空间、子母门、凸窗和淋浴房，这些在20世纪90年代广东流行的做法在这里都有体现。

东风广场[6]（图5-7）是广州市第一个大型综合式商住小区，集商务办公、豪华住宅及购物商场为一体。占地60000平方米，总建筑面积310000平方米。由香港王董国际有限公司设计，华南理工大学建筑设计研究院担任建筑顾问。

东风广场位于广州市环市东路与东风东路之间，与东风东路南端的锦城花园隔路相对。东风广场含有3座商务办公楼，8座分成四对的34层高的住宅楼，高层楼宇围合成一个马蹄形向南开口，呈护阴抱阳、藏山得水之势。南端临东风东路是一座4层的购物商场，商场后面设有大型俱乐部。中心庭园形成步行区域，车辆不能进入。园内含有泳池、网球场、儿童游乐场等完善的康体、娱乐设施，广阔的绿化遍植树木花卉，雅意盎然。

图5-7

b. 东风广场高层住宅

东风广场的高层住宅是典型的现代建筑的设计手法，外墙细部利用空调机搁板，设计得十分精细。立面的色彩采用白色与粉红色相间的手法。顶部局部升高，露出简洁的镂空构架，仰望大厦，顶端的空构架透出白云蓝天，辽阔空透的苍穹与建筑实体之间有了一个过渡，显得十分融洽。

东风广场高层住宅的标准层平面对珠江三角洲最流行的井字平面作了变形，将八个翼中的四个翼向内搬，使通风、采光和视野更加开阔，也解决了暗厕问题。东风广场因为地处广州黄金地段，地价十分昂贵，住宅的销售价格高达每平方米13000港元。考虑到市场的承受力，采用了小户型的格局，三室二厅双卫的套型只有86.88和93.54平方米（含公摊面积），二室二厅的面积只有62.05平方米（含公摊面积），在这里凸窗扩大空间感的作用就十分明显，尤其是转角凸窗更能扩大视野，收到宽敞、舒适的实效。

深圳华侨城[7]是一个高级住宅小区，由华森建筑设计工程有限公司设计，主要设计者傅秀蓉。华侨城位于深南大道北侧，南临锦绣中华、民俗村、世界之窗等著名旅游景点，向南可眺望深圳湾，与香港元郎相对。交通便利，环境幽美，是一处理想的居住场所。

华侨城从1988年到1999年，已建成6组高层建筑群，主要有海景花园、桂花苑、湖滨花园、锦绣苑等组成。

海景花园（图5-8）由4幢33层高层住宅组成，总建筑面积100000平方米，地处华侨城中心，南临大海，北近杜鹃山公园、百果园及欢乐谷，环境十分优美。4幢高层住宅布置成向心弧形，朝

图 5-8
a. 深圳华侨城海景花园

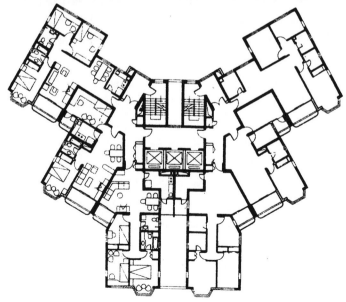

图 5-8
b. 深圳海景花园标准层平面

向大海方向，与前面的 4 层商业楼围合出一块中央庭园。庭园为中国式园林，布置山、水、树木及各种花卉以及中国式亭廊等建筑小品，清幽飘逸，赏心悦目。

海景花园基本上是现代建筑的设计风格，只是在顶部和开口天井处做了一些经过提炼化简的古典建筑符号。最别致的还是在外墙上使用剪影手法，形成渐变的色彩，在外墙下半部粘贴不同颜色的马赛克，赋予相应含义："海天阁"为蓝色，"海虹阁"为暗红色，"海涛阁"为绿色，"海韵阁"为葡萄灰紫色，增加了建筑的可识别性。剪影画面的轮廓线高低起伏，与远山相呼应，风格独特，突出了该建筑群的个性特征。

海景花园的设计紧扣海景这个主题，其标准层平面别具一格，呈心脏形，使每户的客厅和主卧室都朝南面海，布置合理紧凑，交通面积小，所有房间都有天然采光和通风，属真正的"全海景公寓"。在珠江三角洲，凡是在某一个方向有大片绿地、湖泊、江景、海湾的地方，高层住宅大都采用这种形式，以达到户户有景观的目的。海景花园主要的海景恰好在南面，与当地夏季的主导风向和冬季日照方向一致，观景与通风朝阳都可兼顾。做到这一点全仰仗小区选点时的正确策划。

锦绣苑一期工程主要由 3 幢 35 层高层住宅楼组成，总建筑面积 100000 平方米，位于华侨城的东面。总体布局同海景花园类似，只是中心庭院以游泳池为主，分成人游泳和儿童游泳两个部分，游泳池四周种植了花草及热带椰林，具有南国情调。

锦绣苑高层住宅（图 5-9）是现代主义建筑与中国传统建筑的结合，顶部采用中国传统特色的红瓦坡屋顶，结合平面的八个单元，设计成八个坡顶，每个坡顶中部都有一个老虎窗。住宅入口处也使用红瓦坡顶与玻璃组成的雨篷，稍有中西合璧色彩。外墙颜色以粉红为主，一层及顶部使用红色，白色与红色犬牙交错，互相渗透，形成色彩的梯度，是中国建筑文化与西方现代建筑文化融合的典范。从住宅区南面的锦绣中华望去，透过微缩的中国建筑群的前景，更可见锦绣苑设计者对地域文化的尊重之意。

锦绣苑标准层分 8 户，为做到户户有海景，特地把北端的两户向外拉出几米，使其主卧室可观海景。标准层平面呈钻石形，所有房间都有良好的自然通风和天然采光。值得赞扬的是考虑深圳多雨的气候条件，引入了内地住宅在入口处设一个过渡小空间（日本人称之为玄关）的做法，供进户后换鞋或放雨伞之用，这是对广东民

第五章 融合多元建筑文化 159

图 5-9 a. 深圳锦绣苑

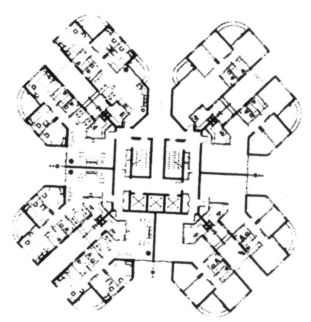

图 5-9 b. 锦绣苑平面

间长期形成的开门见厅的平面布局所作的改进。另外，各户餐厅布置在客厅以里，形成相对独立的就餐空间，避免来访客人影响家人就餐。最后，除了 20 层以上跃层式或复式住宅外，还在顶部利用坡顶形成的三角空间，设置了跃三层的户型，六房二厅三卫，每户 249 平方米，使居住空间更加丰富。锦绣苑的这种钻石形标准层平面，颇受住户欢迎，单华侨城本身就有 10 幢以上的住宅选择了这种标准平面。

华侨城是深圳市一个重要组成部分，具有海滨丘陵城市特点。华侨城在十多年的建设中，从保护生态和可持续发展的高度出发，尊重自然，把人工环境和自然环境融为一体，在建设中尽可能不破坏有价值的地形地貌，不搞"三推一平"，用缓坡代替人工的高大挡土墙。建筑群打破传统的行列式布局，顺应地形，依山就势，高低错落，结合绿化形成了富有变化的居住环境。建筑尤如生长在原有的自然环境中，与山体林木融为一体。这正是华侨城建设最值得推崇的一个方面，这里包含了岭南建筑文化的核心思想。

碧桂园[8]虽不在广州市区，1998年却被广州市民评为明星楼盘，广州碧桂园1999年初首次推出400套花园洋房和70多幢别墅，却被超额3倍认购登记，足见人们对碧桂园的青睐。

碧桂园分为两个部分。一个是位于顺德市的顺德碧桂园，一个是位于广州市南海番禺大石南浦岛的广州碧桂园。

顺德碧桂园1998年推向市场，占地3200亩，投资20亿，是当时南中国规模最大的高级居住区。

广州碧桂园又是一个规模大、配套齐、环境好的居住区概念的典范。1999年2月推向市场，曾在广州市引起轰动。广州碧桂园首期占地355600平方米，容积率仅1.5，绿化率高达35.5%，由一个大型会所、一个别墅区、五个洋房区组成。广州碧桂园会所占地70000平方米，建筑面积35000平方米，其规模堪称广东之最。会所分上下3层，首层设有35间商铺、自选商场、肉菜市场、西餐厅、咖啡厅、茶厅、桑拿等；二层设有30多间大小餐厅，可同时容纳3000人就餐；三层有大型卡拉OK歌舞厅和12间包房、10道国际标准赛用保龄球馆，乒乓球、桌球、壁球、健身室、图书室、游戏机室应有尽有，老人、成人和儿童等都可以找到理想的去处。会所后面的绿地中设置了一个3000平方米的游泳池，会所内另有300平方米恒温泳池与外面游泳池相连。紧邻游泳池的是标准网球场和篮球场。连接游泳池的是一个大型人工湖和9000平方米的珍稀花鸟植物观赏区。

无论会所、别墅和洋房的建筑都具有新古典主义的风格，顶为倾斜尖顶，窗套有三角和弧形两种，阳台都是欧式铸铁花，通透明亮，外观细腻，通风极好。广州碧桂园采用智能化的管理方式，住户可在家点茶、点歌、点电影，享受五星级的家居服务，还可上网交流，足不出户便可办妥一切。别墅区和洋房区内都有一个颇具南方特色的中心花园。花园突出的是文化层次与生活情趣，雕塑盆景、园林小品点缀其中，匠心独具，视野开阔，扩大了住户游玩、欣赏和交往的空间。

广州碧桂园由于规模宏大，成本有所降低，产生了规模效益，其带豪华装修的洋房售价比环境、档次接近的同区域楼盘的毛坯房还要低，这也是碧桂园轰动广州的又一个重要原因。

广东番禺市丽江花园[9]是全国小康住宅示范小区，坐落在广东省番禺大石镇南浦岛东部，与广州碧桂园同在一个岛上。丽江花园从北到南划分为四大区域。A区由48座9层"井"字型住宅构成，占地105000平方米，总建筑面积285000平方米。首层建成环形宽大的连廊与各座楼宇相互连通，环抱形成6个各具特色的内庭花园，把相邻的两个组团变成一个中庭花园，为整个楼群营造出浓郁的园林特色。B区占地286000平方米，总建筑面积115000平方米，含综合楼和一座高30层的住宅楼。每座楼的顶部设有豪华型复式单元。B区的主要景观是河景，住宅楼的底层均尽可能地创造出大片绿地花园以及公共活动空间。C区是低密度的住宅区，占地201000平方米，总建筑面积385000平方米，由52座独立式住宅、62套联体别墅、71座多层住宅楼和13座高层住宅楼组成。组团内设有会所、中心园林、游泳池，实行封闭式的管理。住宅楼底部设有大量停车位。D区由三座分别为14、16、20层的高层住宅楼和一座7层停车场组成，占地26000平方米，总建筑面积101000平方米。

丽江花园具有一种舒展的自然环境，绿地率达34.6%。在居住区的中轴营造了大片的公共绿地及活动空间，结合居住区被河流环绕的自然特色，在区内中心地段兴建占地20000平方米的人工湖、8500平方米的园林式游泳池，在内庭设儿童嬉水池，在入口处布置巨型水墙街景，从而使临江而建的丽江花园巧妙地成为自然环境的延续与组成部分。丽江花园大部分的住宅楼宇都做到了户户公园临窗，美景悦目，让住户真正享受到花园住宅的情趣。

丽江花园作为20世纪90年代开发的居住区，除了规模巨大、环境优美、配套设施齐全的优点外，最大的特点还在于在现代建筑与西方古典建筑风格中融合了岭南传统建筑的某些做法，具有一定的地方特征，这在珠江三角洲的居住小区中实为少见。丽江花园的华林居（图5-10）采用了岭南民居的屋顶形式，青灰色的双坡悬山屋顶，配上一段棕色墙面，乡土气息油然而生。局部女儿墙和山花部分却做成欧式风格，中西建筑文化融合得十分贴切。阳台为通透的铁花，主色调明快淡雅，十分适合岭南的气候特点和岭南人的审美情趣。

丽江花园在住宅楼群的首层设置社区服务商行,利用了岭南常见的骑楼形式,商铺向内后退 6 米,给顾客提供了一个遮风避雨的购物走廊,虽在新区却恍若徜徉在昔日的岭南街市,岭南的市井文化得以重现,令人倍感亲切。

图 5-10
丽江花园华林居

本章注释

[1]　引自《1998 广东年鉴》。
[2]　物理数据引自林其标《亚热带建筑》(广东科技出版社,1997)。
[3]　引自俞永铭等《居住生活模式与住宅室内空间》(载于《居住模式与跨世纪住宅设计》,中国建筑工业出版社 1995)。
[4]　翠湖山庄资料引自《华南理工大学建筑设计研究院》及实地调研。
[5]　锦城花园资料引自华森公司设计资料及实地调查。
[6]　东风广场资料由华南理工大学硕士研究生苏慎之、苏涵等提供。
[7]　华侨城资料引自傅秀蓉《以人为本、精心设计》(载于《建筑学报》1999.2)。
[8]　碧桂园资料来自广州 98 明星楼盘评选资料。
[9]　丽江花园资料来自实地调研。

第六章　开创岭南建筑新风

　　吸纳世界建筑理论、继承民间建筑精华、融合多元建筑文化、开创岭南建筑新风构成了珠江三角洲在 20 世纪最后 20 年中建筑的基本特征，这些特征可概括为四个字"纳"、"承"、"融"、"创"。其中"创"字是核心，在吸纳世界建筑理论、继承民间建筑精华、融合多元建筑文化的基础上开创了岭南建筑的新风。这里面包含了大量的理论研究和工程实践。理论研究包括对西方建筑理论和建筑历史的研究以及对岭南民间建筑即岭南古建、岭南民居、岭南园林的理论研究，还包括对珠江三角洲自然环境、人文特征、风俗习惯的理论研究。工程实践涵盖的范围十分广泛，包括宾馆建筑、写字楼建筑、金融建筑、商业建筑、交通建筑、文化建筑、体育建筑、教育建筑、住宅建筑、行政建筑、医疗建筑等等内容。

　　开创岭南建筑新风包括两个方面的内容：一方面是大量的工程实践，另一方面是探索新的创作理论。开创岭南建筑新风的工程实践和理论探索的积极参与者一般都是有岭南文化背景的重要建筑师，他们熟知岭南的传统文化和自然环境，洞察世界建筑发展的潮流，继承了岭南建筑前辈从 20 世纪初开始在探索新建筑方面的经验。这使他们在开创岭南建筑新风的过程中，起着不可替代的作用。中国工程院院士、建筑设计大师佘畯南先生和工程院院士、建筑设计大师莫伯治先生从 60 年代开始就投入了探索岭南新建筑的运动中，且颇多佳作，80 年代后到 20 世纪末，不断有新作领导创新的潮流。建筑设计大师郭怡昌先生是一位著述不多却作品颇丰的实干家，20 世纪的最后 20 年中留下了许多具有创新意义的作品。中国工程院院士、建筑设计大师何镜堂先生，早年师从夏昌世教授，对岭南的地域特征和传统文化十分熟悉，80 年代初返回广东参加了大量的工程实践，注重在实践中总结建筑创作的理论，走了一条科研、教学与创作三结合的道路，在开创岭南建筑新风方面起了重要作用。佘畯南、莫伯治、郭怡昌、何镜堂是许许多多在开创岭南建筑新风的理论研究和工程实践方面作出贡献的人群中的代表人物。因此，本章将以他们倡导的创作思想为主线，来研究开创岭南建筑新风的创作理论，并以这些大师创作的最有影响的建筑为主来研究开创岭南建筑新风的工程实践。

第一节　开创岭南建筑新风的工程实践

广州白天鹅宾馆（图 6-1）诞生于改革开放之初的 1983 年，如初春绽开的一朵报春花，给珠江三角洲建筑界带来了春天的信息。这是一座由中国人自己设计的世界一流的旅游宾馆，1984 年获全国优秀建筑设计金奖，1993 年获中国建筑学会优秀建筑创作奖。

白天鹅宾馆的成功是岭南建筑学人集体智慧的结晶，是岭南派建筑师自 20 世纪 50 年代以来，不屈不挠地探索岭南新建筑的结果。文化宫水产馆现代建筑的实践，白云山庄、泮溪酒家、矿泉别墅对岭南新庭院的探索，友谊剧院、东方宾馆、白云宾馆将岭南园林与现代建筑相结合，最后在白天鹅宾馆的创作实践中岭南建筑学人的创新精神达到了一个高峰。真可谓"冰冻三尺非一日之寒，滴水穿石非一日之功"。

白天鹅宾馆位于广州沙面岛，总建筑面积 11000 平方米，主楼 34 层，高 102.75 米，共有 1000 套客房。由霍英东先生投资，广州市建筑设计院设计，佘畯南和莫伯治先生共同主持这项设计，参加

图 6-1
白天鹅宾馆

建筑设计的还有林兆璋、陈伟廉、陈立言、蔡德道。

白天鹅宾馆不是简单地吸纳西方的现代建筑理论，而是把现代化的宾馆建筑融入岭南地域文化之中，在吸纳西方建筑理论、继承民间建筑精华、融合多元建筑文化的过程中立意新鲜，与众不同，凸显了三个方面的特点：首先是尊重地域文脉，协调自然环境。白天鹅宾馆选址在遍布殖民地建筑的沙面小岛，南临羊城八景之一"鹅潭夜月"的白鹅潭。白鹅潭三江交汇，江面开阔，既要使旅客充分享受江面风光，又要保护沙面岛的环境，这便是白天鹅宾馆环境设计的要点。宾馆全部公共活动部分尽量临江布置，形成舒展低矮的裙房，高层部分全做客房，置于裙房的北端。这样无论是客房还是公共部分都可通观江景，收临流揽胜之效。

出自商业利益考虑，白天鹅宾馆有较大的规模和体量，为使庞大体型的建筑与自然环境相协调，采取了一些压缩体量的措施。如把每层的层高定为 2.8 米而不是通常的 3 米。平面采用"橄榄形"，这种平面每层可设 40 间客房，而不设缝，若采用常规的矩形平面，受变形缝的限制，每层只能安排 30 间客房，因此，"橄榄形"平面与矩形平面相比可使建筑的总高度减少 6 层。并且"橄榄形"平面的南北两个面是由两块斜板组成，在阳光下有明暗之分，感观上显得轻巧。建成后的白天鹅宾馆，背衬沙面墨绿的榕林。面对珠江千顷波涛，恰当的体量与环境融为一体，为古老的白鹅潭注入了新意。

白天鹅宾馆的第二个特点是室内外交融。南面临江的共享空间，悬挂长 72 米，高 7.2 米的玻璃吊幕，从厅口向江面挑出 6 米，晶莹剔透，波光云影，水天一色，江水滔滔，百舸争流，无限江景尽收眼底。与吊挂玻璃幕相对的北墙上镶贴灰色镜面玻璃，白鹅潭江景的虚象出现在镜面上。具有岭南特色的中庭水石景与珠江的真假景象互相穿插交流，融为一体。"把室外的大自然空间与室内中庭融为一体。这亦是我国园林艺术扩大空间的一种手法。"[1]

白天鹅宾馆的第三个特点，也是最重要的特点，就是带有浓郁岭南特色以"故乡水"为主题的中庭共享空间。共享大厅占地 2000 平方米，高 3 层，作多层园林设计。厅内石壁瀑布，金亭古木，小桥流水，回廊垂萝，气势磅礴，空旷深邃。"故乡水"的意境在阔别多年、终回故里的华侨和港澳同胞中产生了极大的共鸣。有诗曰："天鹅立江滨，洁白耸崇楼。布陈绝精巧，妙趣静中尤。恍临水帘洞，飞瀑落泉幽。濯月亭如画，悬岩鸣碧篌。梦饮故乡水，客恋古神州。游子去异域，泪洒珠江头。万缕千丝系，凭舟几回眸。寄人篱下久，千虑渡春秋。万里归帆远，一返解百愁。乡水乡情寓，故居故人留。海外思乡客，来此顿忘忧。南岭山川秀，景物望中收。天涯归来意，祖国正风流。"[2]

  20世纪最后20年，珠江三角洲的大型酒店如雨后春笋，但大多数都属于直接引入西方的建筑设计理论。由于采用了现代的手段，如中央空调、人工照明、机械通风等，忽略了酒店所在地的气候、地理等自然特点，对当地的历史背景和文化渊源也有所割裂。在第三章中已经对这类酒店进行了分析研究，尽管它们在吸纳西方建筑理论方面，起了相当大的作用，但却谈不上有所创新。白天鹅宾馆之所以鹤立鸡群，与众不同，就在于它对当地自然条件和地域文化的尊重，在融汇中西建筑文化的过程中创出了新意，在开创岭南建筑新风的过程中起了重要的作用。

  研究发现，在珠江三角洲种类繁多的建筑中，比较有新意、有特色，可称为开创岭南建筑新风代表作的建筑主要集中在文化建筑上。如：广州西汉南越王墓博物馆，广州岭南画派纪念馆，东莞科学馆、图书馆和博物馆，深圳科技馆，华南理工大学逸夫科学馆，广州星海音乐厅，广州红线女纪念馆，广州购书中心，广州儿童中心，广州美术馆，广州海洋馆，深圳高科技展览馆，等等。

  广州西汉南越王墓博物馆（图6-2）位于广州市解放北路，紧邻中国大酒店。博物馆建在象岗山西汉南越王墓的遗址之上。该墓是建于公元前120多年的第二代南越王赵眜之墓。西汉南越王墓博物馆，是一组尊重历史、尊重环境、具有丰富文化内涵又体现现代建筑特征的古墓博物馆。该博物馆一期工程建成于1991年，二期工程建成于1993年。1991年获国家教委优秀设计一等奖，同年获全国优秀建筑设计一等奖，1993年获"中国建筑学会建筑创作奖"。西汉南越王墓博物馆由华南理工大学建筑设计研究院设计，设计主持人是莫伯治先生和何镜堂先生，主要设计者还有李绮霞、马威、胡伟坚。

  西汉南越王墓博物馆占地9000平方米，建筑面积9668平方米，由三层的陈列馆、一层的古墓馆和二层的珍品馆等三个不同的序列空间组成。陈列馆临繁华的解放北路，依山就势而建，其风格浑厚、庄重、雄劲有力。体形的构成在中国古代以及埃及的古建筑中吸取

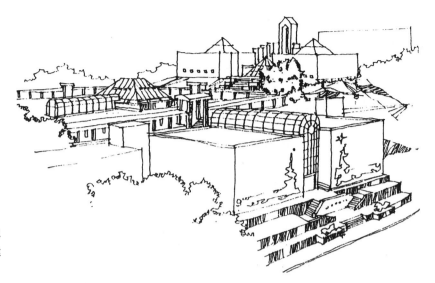

图 6-2
a. 广州西汉南越王墓博物馆(引自《建筑学报》1995.1)

图 6-2
b. 南越王墓博物馆入口

了精华,入口处模仿中国传统建筑中的重台叠阶,解决了和城市人行道的矛盾。受汉代的石阙和古埃及阙门的影响,建筑的正面由两片厚重的石阙组成,石阙之间的缝隙嵌入空灵的玻璃,形成强烈的对比。沿此缝隙进入陈列馆首层,空间骤然放开。欲扬先抑的空间处理手法是中国建筑的传统,只是在这里抑扬间的对比更加强烈,也更加适合古墓博物馆的特点。沿中轴线有一蹬道,自下而上穿越3层展览区,蹬道上空覆以半圆形顶光棚,显得空间通透明朗。蹬道左右流畅，上下贯通，里外渗透，给古墓博物馆增加了些许现代的气息。蹬道经二门上到岗顶平地，古墓馆就在这块平地的中部，古墓馆四周围以回廊，广植草坪，顶部是一个覆斗形的金属玻璃罩，这与秦汉时期陵墓的覆斗形制相一致，又隐喻了陵墓之上原为土丘。金属玻璃顶材质本身则透出现代建筑韵味。古墓馆轴线由东西走向转为南北走向，南北轴线的北端是整个建筑群的制高点——珍品馆，该馆保存和展出了南越王墓的全部陪葬品，从中可以看到2000多年前中原文化和南越文化的痕迹。"珍品馆是两层建筑。首层三开间，二层则仅东西两翼，中间部分虚为庭院。首层的前院为疏朗的前导空间，与墓室馆的北廊相接，院内满敷绿茵，其东端保留土墩和墩上巨榕，其西则沿建筑外墙斜倚草坡，中部设蹬道20余级。因此首层的南面隐于一片自然风光中和榕荫之下。整幢建筑只呈现出二层的两翼，好像建在山岗之上。循中部蹬道登上二层中部庭院，庭院北端的阙式牌坊连接东西翼，构成三面封闭、一面向南敞开的三合院。阙式牌坊与两翼结成有机的整体，具有矫健而丰富的体形。石阙从两翼石墙开始，沿着折线的终端，中央交接处设10米高的圭形门洞，取意于中原文化的权力影响。"[3]

整个博物馆建筑群以沉雄的石阙门开始，以简洁明朗具有时代感的空透圭形坊洞结束。高耸空透的圭形坊洞将空间序列的变化推向高潮，又嘎然而止，留下余味，使人联想。

"珍品馆二层东西两翼面临庭院外墙，用出土文物提筒船纹浮雕于墙面，与圭形坊洞列成犄角之势，两种文化对话交流，为2000多年前历史文化沟通作了极为深刻的阐释。珍品馆室内空间的考虑，是着重于有地下墓室感觉的展厅的构思，使参观者有如走在地下层参观，联想到这是墓室的延续空间。采用的手法是提高进口、出口的标高，使首层与进、出口的标高差拉大，透过一定的参观程序，沿梯级而下，人们会产生一种进入地下层的幻觉。另外，各个展厅上空都是顶光棚，光源从高射下，亦会使人有身在地下层之感。"[4]

西汉南越王墓博物馆在突出地方特色方面，主要是在石阙门、回廊、墓室护墙、珍品馆外墙等部位大量地采用了与原有墓石结构材料相类似的红砂石，这种材料雄浑朴实。作为石阙门的红砂石上，用深深的阴线刻出浮雕，铭记了汉代的纹样和南越的文化故事。许多浮雕和墓兽都与墓室遗物珍品图案相吻合。

西汉南越王墓博物馆遵循现代主义的设计原则，首先满足现代博物馆建筑的陈列和使用要求，同时又结合陡坡地形，尽可能地保留古树和环境，沟通了现代与历史、传统及地方文化的联系，沟通了世界古典建筑文化与中国古典建筑文化的联系，在中外古今建筑文化的交汇点上，形成了西汉南越王墓博物馆的崭新形象，具有深刻的文化内涵。沟通多元建筑文化并有所创新正是该博物馆建筑创作的难能可贵之处。

岭南派是我国著名的艺术流派。它形成于19世纪末20世纪初，主张艺术创新。其创始人高剑父说："全国的画风除西画外，都是守住千百年来的作风！即使千百年前古人最新、最好的东西，有创作、有变化，到现在都已成了古董！难道现在都不应该大胆地改变一下吗？"著名的岭南派画家关山月在提到岭南画派时指出："它没有固定的模式，也没有一成不变的法规，更不把自己的某种画法定于一尊。"岭南画派的特点可概括为不受传统束缚，兼容并蓄，务实创新。

1989年受关山月、黎雄才两位岭南画派大师的委托，莫伯治先生和何镜堂先生率领华南理工大学建筑设计院承担了岭南画派纪念馆的设计。纪念馆位于广州美术学院校园一隅，面积只有3000平方米，因其别出心裁、独具匠心而在岭南建筑史上占有重要的位置。

岭南画派纪念馆（图6-3）是一座展览和收藏性的建筑，因此纪念馆的空间处理完全尊重功能的要求，按照常规的展览建筑设计，从这一点看是遵从了现代主义建筑的设计原则。为了在建筑艺术与绘画艺术这两个不同的文化领域找到沟通的途径，作者从历史上去寻找两种文化领域的交汇点。岭南画派创立于19世纪末，它反对临摹仿古，注重写生，并吸收一些外来的画法，在中国国画界引起了震动。与此同时源于美术后波及建筑领域的新艺术运动在欧洲兴起，它反对古典的束缚，力求风格创新。同期异域的两

图 6-3
岭南画派纪念馆

 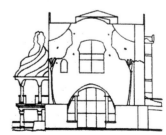

种文化运动异曲同工，形成历史的交汇点。利用这个交汇点，岭南画派纪念馆采用了新艺术运动的代表人物西班牙建筑师高迪（A. Gaudy）的设计手法，来表现岭南画派的创新精神，这种跨越时空的构思，创意大胆，十分新奇，正是这种创意赋予了岭南画派纪念馆鲜明的个性特征。

"纪念馆的结构分两部分，即本馆主体居中，另一小型招待所安排在主馆的东侧，各抱地势，沿方塘而筑，构成方塘水院，富于岭南庭园画意。主馆当中两层高的门廊和招待所的楼梯间造型均采用富于动态雕塑感的体型，一则临水而筑，有'临溪越地'的意境，另一则倚楼而建，高低相望，极能抒发两者之间的顾盼之情。主馆首层入口，由方塘对岸架桥直通，在桥的中段由一双弧形对称的梯级飞越水面蜿蜒而上，会合于门廊二层主馆大堂入口前面。主馆外部轮廓由三组流畅的曲线、壳体及壁面构图组成有机的整体，开始为一对弧形梯级，舒徐旋转向上，继此为陡峭而扭转的螺旋门廊壳体，接着壳体则为构图抽象的峭壁墙面，墙的两端隐约浮雕着摇曳的树丛，树冠轮廓描画出墙顶的曲线，使人联想到这里是一丛树林的背景，墙顶曲线由中央两端倾泻而下，直至消失于两转角处，其意境使人觉得是那么迷蒙而不稳定，富于抽象的画意。就在进入主馆之前，透过这些建筑体型的前奏结构，运用一系列新艺术运动的语言，向来访者说明岭南画派风格的内涵实质。应该说，进入馆后，新艺术运动语言的格调就要逐渐淡化，岭南画派自身的风格，要由展出的岭南画派作品去直接说明了。"[5]

岭南画派纪念馆沟通中西文化，继承岭南传统，遵循现代建筑的设计原则，用建筑的语言表达了岭南画派的精神，同时受到建筑界和绘画艺术界的认同，1992年建成，1993年获国家教委一等奖。

红线女是享誉海内外的粤剧大师，红派艺术代表着当代粤剧旦角艺术的最高成就。为纪念红线女从艺60周年，广州市政府投资兴建了红线女艺术中心（图6-4），1988年12月建成。该中心坐落在广州市珠江新城，由莫伯治先生主持设计。这是莫伯治先生领导岭南新建筑潮流的又一力作。和岭南画派纪念馆的构思相似，莫伯治先生又在戏剧及歌舞艺术与建筑艺术这两个不同文化领域之间探求沟通的途径。如何以凝固的建筑艺术表现回旋飘忽的戏剧舞姿和婉转抑扬的音乐曲调，构成了红线女艺术中心设计的主题。

图 6-4 a. 广州红线女艺术中心

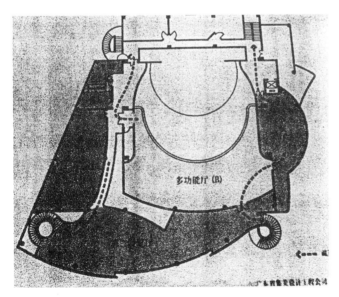

图 6-4 b. 红线女艺术中心平面

红线女艺术中心十分自由的平面布局和立面造型"以空间体量为构图要素,以错位、组合、扭转为构图手法,使整个建筑造型表达了一种婉转回旋的动感,使戏剧艺术与建筑艺术在观感上和意念上达到融汇与沟通"。"正立面半圆形斜向玻璃及入口形式是乐器和乐声的象征。舒卷开合、高低错落的白色墙体和位于端部的旋梯的回旋形式是对中国戏剧表演中飘动的服饰和水袖的摹写。"[6] 自由曲线构成的活泼建筑引起了戏剧艺术家的共鸣,也得到了红线女本人的认同。

红线女艺术中心占地 3177

平方米，建筑面积 6840 平方米。3 层楼，局部 4 层。一层是 130 座的观摩演出大厅，可演出实验性小剧场戏剧，可放映电影、投影，还可作为课堂、排练场，供导师作示范性表演和参观访问者作自娱性表演。二层为多功能展厅。三层为音像厅。在展厅与观摩厅之间，设有直通到顶的带状天井，上加玻璃顶，为展厅提供了自然光源和更多设置展板的墙面，同时使建筑正面的墙体上不开窗，保证了艺术中心作为一种抽象雕塑的完整性。

深圳科学馆(图 6-5)是深圳特区的重点文化建筑之一，位于深圳市中心区，南临深南大道，东临上步路，1987 年建成，由何镜堂先生主持设计。1989 年获国家建设部优秀设计二等奖、广东省优秀设计二等奖，这是何先生从内地回广东后的第一个作品，是何先生建筑创作生涯的一个重要的转折点。通过这个项目的设计，可以看出何先生在复杂条件下执着的创新精神。

深圳科学馆的功能十分复杂，是特区科技活动和国内外学术交流中心，其功能以会议、学术报告、展览、培训为主，含有 500 座的科学会堂、85 座的高级圆形会议厅、200 座的学术报告厅、70～220 平方米的各种会议室 13 间、125 座的阶梯教室、3 个 50 座和 1 个 30 座的普通教室、中外文图书资料阅览厅和展览大厅等内容。功能繁杂，用地紧张，基地三面都是高层建筑，地块狭长，南北向长 120 米，东西向仅有 75 米。

总体规划上刻意保留了南端土丘的地貌和荔枝树丛，组成了一个自然景观为主的荔枝庭园，地方文化的气息得以保存。基地东北

图 6-5
a. 深圳科学馆(引自《华南理工大学建筑设计研究院》)

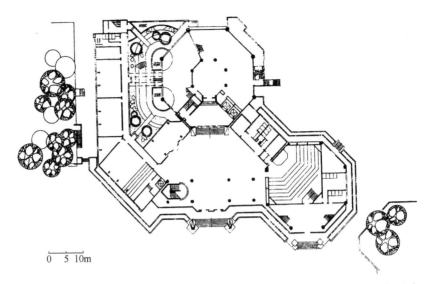

图 6-5
b. 深圳科学馆首层平面(引自《当代中国建筑师何镜堂》)

角的三棵老荔枝树也作了精心的保护,老荔枝树干苍劲多姿,成了自然的空间屏障,改善了入口的景观。建筑群内还特意留出一个人工庭院,水池小景十分精致。科学馆的二层通过天桥与土丘上的荔枝园相通,三层又设有屋顶花园,不同标高的庭院绿化相通,组成了一个高低错落的文体庭园空间。在城市中心精心推敲、创造适宜的环境已属难能可贵,但何先生并未就此结束,还在科学馆的东入口处,设计了一道 7 米高、65 米长的玻璃吊幕,将路东面的大片荔枝园的景色借入科学馆内,人们无论在一层中央大厅、学术报告厅入口还是在二层休息厅,都可通过玻璃吊幕眺望对面优美的园林景色和壮观的城市街景,使人心旷神怡。这种尊重自然、密切人与自然之联系的设计手法既是深圳科学馆设计特点之一,也是岭南建筑的设计特点。

深圳科学馆共有 12000 平方米的建筑面积,分为三个不同的功能区。第一个功能区以会议及中小型展览为中心,沿竖向分层设置,形成科学馆的主体。第二功能区是以会堂为中心的学术交流部分,空间跨度大,人流集中,设置在基地的东北角,有专门的出入口。第三功能区是以教室为中心的培训部分,布置在南面临荔枝园的地方。三个功能区之间以中央大厅相联系,成为一个有机的整体。科学馆的设计遵循现代建筑的设计原则,功能组织有序,联系紧密,合中有分。科学馆的平面以正八边形为母题也是源于功能的要求,八角形平面以及由此派生的扇形平面组合对以会议厅组群的厅堂建筑十分合适,扇形的会议厅、报告厅有较好的水平视角和视距,在同样的视距条件下,较其他平面类型能布置更多的有效座位,声能的分布也较均匀。

深圳科学馆的外形十分独特，与著名的古根汉姆美术馆有相似之处。八边形的棱台层层扩大，墙面向内倾斜，既适应当地的气候特点有遮阳避雨之效，又形成了别具一格的建筑造型。整个建筑群高低错落，是一个典型的具有创新精神的现代主义建筑。

东莞"科书博"是一组造型精美耐看的建筑群，由科学馆、图书馆和博物馆等三座建筑组成。这是建筑设计大师郭怡昌先生应用现代建筑设计理论，结合岭南文化特点，有继承、有创新的一个代表作。

东莞"科书博"位于东莞城区公园侧面，占地20000平方米，总建筑面积31000平方米，建成于1994年。1995年获广东省优秀建筑设计二等奖。

"科书博"工程平面构图章法严谨，有规律地变化，有秩序地展开。以三馆共享的下沉式广场的水池和雕塑为中心，各向45℃角展开，形成三组份量大致相等的建筑群体。这三组建筑平面都以正方形为母题，组成独立完整的几何构图，在有规律的轴网中求得了和谐的统一。三组建筑之间尽可能地设置园林小品、绿地水池，以水庭分隔各组建筑，使之便于独立管理。

在形体空间上，三组建筑以居中的科学馆为中心，形成了一个高低错落的群体，在突出重点的同时，各自的形态也比较独立，空间构图不乱章法，比例协调，起伏有序，可谓主次分明，各得其所，互相衬托，相得益彰。

"科书博"的立面处理十分仔细，以现代材料和现代主义设计手法为主，玻璃幕墙、带形窗和实体墙面的组合丰富而不零乱。中轴线上蒲公英状半球体强调了科学馆的特征，形成主要的视觉中心。科学馆正面红砂石的浮雕和图书馆、博物馆入口的中国式雨篷，增添了地域特色和民族特征。

广州星海音乐厅（图6-6）是20世纪90年代中国规模最大、设施最先进、功能最齐备的音乐厅，坐落在广州二沙岛上。二沙岛四面环水，是广州城中地价最高的区域，岛上没有高层建筑，建筑布局疏朗，绿地宽阔，江风荡漾，环境优美。

星海音乐厅的造型相当独特，像一只展翅的江鸥飞翔在珠江千倾碧波之上，十分轻巧动人。音乐厅由1500座的交响乐演奏厅、400座的室内乐演奏厅和音乐资料馆三部分组成，构造之复杂令人惊叹。交响乐演奏厅是星海音乐厅建筑的主体，按自然声为前提进行设

图 6-6
a. 星海音乐厅（上）
b. 星海音乐厅平面（下左）
c. 星海音乐厅剖面（下右）

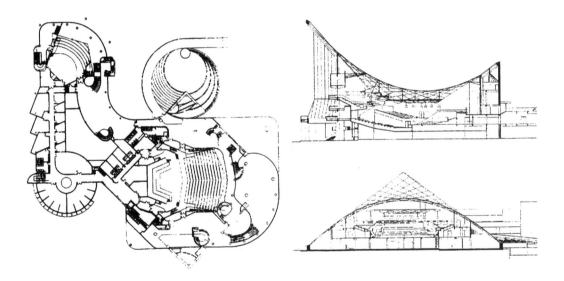

计，采用钢筋混凝土双曲抛物线壳体覆盖"山谷—梯田式"座席，上下两者表面直接围成"声场"，建筑的结构空间同时就是声学空间，钢筋混凝土壳体的硬质表面及镶衬硬木表面的八个座席区侧墙成为乐声反射扩散的界面。演奏台上方悬挂球面扩散体，改善了演奏台上的相互听闻条件并增强了前区座席的初始反射声。双曲抛物线曲面壳体在满足音乐厅声学要求的同时，塑造了音乐厅独特形象。正面棱锥状玻璃幕墙，展现了交响乐辉煌、庄严与热烈的艺术气氛。室外草坪上著名音乐家冼星海着戎装的雕像巍然屹立。冼星海挥动双臂，顶着狂风，正在指挥演奏大型的交响曲，令人尤闻黄河的咆哮之声。

　　华南理工大学逸夫科学馆(图 6-7)是香港知名人士邵逸夫先生捐资的项目，坐落在广州华南理工大学校园东湖之滨，建筑面积 7335 平方米。该馆由教学科研和学术交流两大部分组成。教学科研部分主要为无线电系和计算机系提供教学科研所需的计算机房、弱电实验室及科研用房。学术交流部分设有贵宾厅、220 座国际学术报告厅、100 座报告厅及 10 个中小型会议室和陈列展览室。该馆建成于 1992 年 6 月，由何镜堂先生主持设计，主要的建筑师还有杨适伟、冼剑雄。这座校园内的科学馆因与历史悠久的校园环境融为一体，同时具有时代特色和文化品位，而于 1995 年获国家教委优秀设计第一名。

图 6-7
华南理工大学逸夫科学馆

　　华南理工大学是我国南方一所著名的高等院校，前身是国立中山大学，始建于 1931 年，老一辈建筑师林克明等在此建有一批"中国固有式"的大屋顶建筑。总平面也早已形成了层次分明的轴线体系和院落式的建筑群布局。从校门、第一教学楼、行政办公大楼跨过东湖，形成一条主轴线，从南向北展开，整个校园脉络清晰，气势雄伟，具有浓郁的民族风味。为了保持校园的文脉，逸夫科学馆定位在主轴线的末端，使主轴在此收口，并与穿越建筑红楼的东西向轴线相交，强调和完善了校园的主要轴线。科学馆的平面布局适应现代科技建筑功能多样和可变的要求，采用了单元组合的形式。单元之间为交通及辅助用房。建筑外观综合单元组合的特点，采用虚实对比的手法将庞大的体量分解为若干较小的体块。第五层外墙四周向内收缩，使建筑的体量在视觉上进一步缩小，表现了对自然环境的谦让之意，避免了对湖滨路的压迫感。四面倾斜的灰绿色顶层与周围的庑殿式绿色大屋顶相呼应，外墙窗采用了与传统建筑比例一致的单窗排列，米黄色的粗纹墙面砖也与传统建筑的红砖墙面相协调，整个科学馆完全融入了原有的校园文脉之中。

逸夫科学馆在尊重历史、重视文脉的同时，也体现了科学馆的时代气息。建筑处理上吸收了一些高技派的手法和意念。如入口处金属螺栓球节点的网架式雨篷和构架，以及女儿墙转角处的螺栓球栏杆。螺栓球网架的造型本身就类似电子的结构图，与科学馆的性质切题。主入口两端还设了两座科技题材的镜面不锈钢雕塑。左边的一座以原子结构为题材，表示"微观世界"，寓意物质构成的基础；右边一座以宇宙中行星运行的轨迹为题材，表达"宏观世界"的浩瀚，赋予了科学馆建筑科技文化的内涵。

科学馆正面最具性格特征的是三组镂空的三角形构架。中间的三角构架正好在中轴线上，与下面的螺栓球网架和玻璃幕墙构成视觉中心，强调了入口的导向性。两侧的空构架向纵深重叠，产生优美的韵律。这种三角形的镂空构架是对古建筑屋顶符号的抽象，现代建筑与环境中的古式建筑之间找到了沟通的途径。

广州购书中心（图6-8）1994年建成，坐落在广州市天河路及体育西路交汇处，东临天河体育中心，总建筑面积23109平方米，是全国第一座大型的具有现代化功能的书城，集图书零售、批发、订

图 6-8
广州购书中心

货及出版业务于一体,是我国南方最大的书籍批发市场。

购书中心既是一座商业建筑,也是一座文化建筑,因此购书中心改变了以往的书店专为书服务的书库式设计,而代之以为人服务的设计模式。再则力争创造良好的艺术气氛,把商业性与文化性融为一体,在这两个方面,广州购书中心创出了新意,受到读者的喜爱,年接待读者达1000多万人次,1998年底被羊城晚报评为"羊城之光"建筑(同时入选的建筑还有广州天河体育中心、白天鹅宾馆、中信广场、星海音乐厅、广州世界贸易中心、西汉南越王墓博物馆)。

购书中心与相邻的维多利中心的两座超高层建筑共同形成广州文化广场。购书中心的设计服从大局,在总体规划上与维多利中心十分协调,从购书中心门前巨大的广告牌上,可以看出这种协调关系,文化广场全面竣工后,独具风格、令人喜爱的购书中心变成了维多利超高层建筑的裙房。正如诗云:"俏也不争春,只把春来报,待到山花烂漫时,她在丛中笑。"在表现自身特色和个性的同时,充分尊重未来的城市环境,是购书中心的难能可贵之处。

在以人为本、为人服务的设计思想指导下,购书中心借鉴了现代商业大厦的一些手法,设置了中央空调、自动扶梯、垂直升降客梯。一至五层的营销大厅围绕中庭呈单元式分类布置,适合开架式售书管理,中庭内视野开阔,自动扶梯沿中庭周边布置,方便读者寻找需购书籍的位置。购书中心内还设有全方位的服务设施,含各类会议厅、快餐及茶座等。读者在这个文化商场中可自由选购,感受到购书也是一种休闲享受。

为了创造良好的文化气氛,购书中心采用了隐喻、浮雕等多种手法。其立面以实体为主,建筑造型具有较强的雕塑感,退级变异为两个三角形,尤如一本翻开的书。步步升高又有转折的退级,寓意循序渐进、稳步进取的学习方法。入口穹形大门和外墙上圆窗与竖向条窗的组合,暗示知识宝库的大门和钥匙。立面向带窗与竖向条窗直角连接,使人联想到翻开的书本。在购书中心的中庭以代表"南"这个方位的"朱雀"为题材的巨型浮雕,构成视觉中心。在购书中心的中庭还有一个超尺度的书的雕塑,翻开的书页,记载了阅读的一瞬间,使人浮想联翩。浮雕和书的雕塑对体现建筑的"文化味"起了关键作用。

广州购书中心由广州市设计院设计,郭明卓先生主持设计,主要建筑师还有黄劲、陈树棠。郭明卓是一位对广州市的建设作出了重要贡献的建筑师，1943年出身于上海，1966年毕业于同济大学建筑系，1977年以前都在基层设计院从事建筑设计工作。1977年底到广州市建筑设计院工作后，技术生涯出现转机。1990年任副院长，1992年兼任总建筑师。主持设计的广州天河体育中心、广州天河城在珠江三角洲建筑中占有重要的地位。郭先生的设计尊重当地的自然环境和历史文脉，受到广泛的好评。

广东美术馆(图6-9)位于广州二沙岛，西临星海音乐厅，建成于1997年，由广州市设计院设计，主要建筑师为伍乐园。该馆是一座大型综合型的美术馆，具有展览和收藏两大功能，它所收藏和展览的艺术品包括图画、油画、水彩、粉画、漆画、剪纸、木刻、雕塑、陶艺等多种类型。美术馆分为展览、收藏、研究、教育、交流、服务等六大部分。占地19520平方米，总建筑面积共215000平方米。

图6-9
广东美术馆

美术馆是一座内通透、外封闭、雕塑感极强的现代建筑。展馆的整个布局围绕着一个开敞的中庭布置，中庭本身是一个雕塑庭院，结合喷水池和绿化，具有强烈的艺术魅力，周围的厅堂向中庭开窗，室内外空间在此交融。这种外封闭内通透的空间处理方法，在岭南民居中随处可见，适合当地的气候特点，用在美术馆设计中，有利于建筑外型雕塑感的形成，也有利于布置展品。建筑外形雕塑感的产生，主要是利用了大片实墙的转折和穿插、各种几何体块的组合。

展厅的二层以上相对于首层扭转了 45 度，使建筑物的大实墙面增加了阴影的变化，强调了建筑的雕塑感。广东美术馆正是采用这种建筑的雕塑语言与其艺术展品之间架起了一座沟通的桥梁，同时也就赋予了建筑本身高品味的文化内涵。

广东美术馆的采光设计结合了两种不同的采光方法。美术馆的光学设计一直分为两派。一种是全部人工采光，完全避免太阳中紫外线对展品色彩的影响。另一种是天然采光，经过折射处理，变成漫射光，均匀地照在画面上，以求更真实地展现绘画本身色彩的艺术效果。广东美术馆以两种光源相结合，以天然采光为主，适当补充人工采光。二层展厅与首层展厅错位 45 度，使首层有采集顶光的可能，三层与二层之间有一些贯通两层的共享空间，使三层与二层都可采集自然的顶光。合理的创造性的光学设计是广东美术馆的另一个特点。

深圳高科技成果交易会展览馆和广州海洋馆以及深圳华侨城网球场，因为采用了张拉膜结构的屋顶形式，而以新的建筑语言的形式出现在世人面前。张拉膜结构是膜结构体系中的一种类型，20 世纪 50 年代，伴随着张拉索结构体系的出现，一种采用 Teflon 防水织物做材料的张拉膜结构体系也随之出现，早期的张拉膜结构因材料的稳定性差而难于发展。70 年代后 Teflon 材料的化学稳定性（耐久性、抗老化性）大大提高，为张拉膜结构体系的发展打下了良好的基础。用 Teflon 防水织物制作的建筑用膜材料，其透光率在 20% 左右，阳光照射下由膜覆盖的建筑物内部充满自然漫射光，无强反差的着光面与阴影的区分，室内的视觉环境十分和谐。夜晚建筑物内的灯光透过屋顶的膜照亮夜空，建筑物的体型显现出梦幻般神奇的效果。Teflon 建筑膜材的使用寿命在 25 年以上，在使用期间，在雪或风荷载作用下均能保持材料的力学稳定性。Teflon 膜材还有对环境的很大适应性，在 $-73°C$ 到 $232°C$ 之间，不会出现硬化、软化或变形的情况，它的阻燃性与耐高温性都满足建筑防火规范的要求。张拉膜结构自身重量轻，仅为钢结构的 1/5，混凝土结构的 1/40。张拉膜结构对水平方向的地震力与风力有良好的适应性，结构自身有吸收地震力与风力的机理。正因为张拉膜结构具有上述优点，才在 90 年代得到迅速的发展。1992 年在美国建成的奥运会主馆"佐治亚穹顶"是世界上最大的膜结构屋顶。美国丹佛国际机场也采用了张拉膜结构体系。可以预计，张拉膜结构是未来大跨度公共建筑屋顶形式的发展方向之一。

深圳高科技成果展览馆，以张拉膜结构这种新的建筑外型来体现高科技展厅的内涵，使展览馆里外如一，性格特征相当明显（图6-10）。

广州海洋馆在海狮馆和海豚表演馆的大跨度空间使用了张拉膜结构体系，既解决了大跨度空间的结构问题，又采集了天然柔和的顶光，还为科普性质的海洋馆增加了神奇的魅力（图6-11）。

图 6-10
深圳高科技成果交易展览馆

图 6-11
广州海洋馆张拉膜屋顶

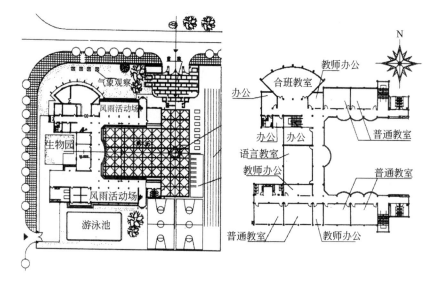

图 6-12
a. 广州珠江新城Ⅰ区小学总平面(左)
b. 广州珠江新城Ⅰ区小学二层平面(右)

在开创岭南建筑新风的过程中,还有一类建筑,其建筑风格和设计手法基本上是现代主义的或受西方其他建筑理论影响很深,但在设计的过程中,却仔细地研究了珠江三角洲的气候、地理等自然条件的特征,在改善建筑的物理环境方面作足了文章,其创新的观念也就体现在其中了。珠江三角洲的中小学教育建筑就具有这种创新的特点,现通过对广州珠江新城Ⅰ区小学(18 个班,图 6-12)、D 区小学(24 个班,图 6-13)的剖析研究,窥一斑而见全豹。

这两所小学的共同特点是:主要教室南北向布置,外廊式布局,框架结构,现浇楼板,首层架空,廊道宽阔。

广州夏季主导风向以南风与东南风为主,地理纬度属北纬范围,主要教室取南北朝向,有利通风,且防日晒。珠江新城Ⅰ区小学将卫生间和较次要的房间设在东西两端,对教室防晒有利。

外廊式布局教室可两侧开窗,迎风面正压区的气流流入室内,再从室内向外流至背风面负压区形成室内的气流交换,降低室内温度,排除室内湿气及二氧化碳等污浊空气,从而改善了室内的气候环境。另外,外廊式双侧窗采光,采光效率优于内廊式单侧采光,室内各桌面间照度的差异也有减小。

框架结构使教室开窗面积不受限制,窗间墙只等于柱宽,室内光线充足、均匀,容易满足《中小学设计规范》关于采光系数 1.5%、窗地比 1∶6 的要求。相比之下,混合结构纵墙承重,开窗受到限制,窗间墙宽大,一般都达不到规范对采光系数的要求。

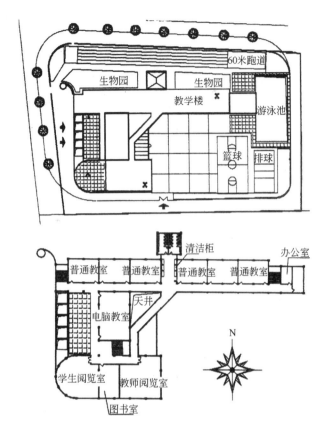

图 6-13
a. 广州珠江新城 D 区小学总平面(上)
b. 广州珠江新城 D 区小学二层平面(下)

现浇板适应广州地区的生活习惯。气候炎热，打扫卫生时常常用大量的水冲洗楼面，采用现浇楼面可避免楼层间清洁用水渗漏。

首层架空可谓"干栏式复兴"，特别适合广州小学建设的特点。初春首层地面墙面结露严重，影响正常使用，架空以后，通风良好，视线开阔，前后左右分隔的空间连为一体，在用地紧张的情况下为学生提供了风雨活动场所。广州市规划局鼓励小学建设时架空首层，并规定架空部分的建筑面积不计入容积率。当然，首层并不是百分之百的架空，体育器械、总务仓库、门卫值班、卫生保健、游泳池更衣淋浴间等还必须放在首层。

外廊道宽阔是由于用地不足。扩大外廊宽度，为学生提供了课间活动场所，I 区小学外廊宽大于 2.4 米，且局部弧形凸出。D 区小学各层外廊形成环道。屋顶为学生提供了充足的活动空间。

取得安静的环境、防止噪音干扰是小学设计的另一个特点。噪音源分外部和内部两类，在学校用地狭小的情况下，城市干道和邻里可能出现的噪音是主要的外部声源。运动场、厨房、音乐室、教室、楼梯及卫生间是内部的噪音源。

声音在任何一点的强度与声源至该点距离的平方成反比，因此应尽可能扩大主要教室与声源间的距离。I 区小学用绿地将主要教室与城市道路或邻里隔开，两翼教室间距大于 25 米，可有效地避免教室间的相互干扰。D 区小学因用地过分狭小，虽用直跑道将主要教室与城市道路隔开但上体育课时，跑道的噪音对教室会产生较大的影响，好在首层架空，教室在二层以上，影响有所减小。

声音的另一个特性是声音在传播过程中受阻，一部分反射，一部分被吸收，只有余下的部分迂回通过。根据这个特性，I 区小学用建筑物的山墙隔离城市道路和学校运动场,并把卫生间集中在端部减少内部噪音的干扰。受用地的限制,I 区和 D 区小学都把厨房放在教学楼的架空层,只好用加强围护结构隔音的办法来防止噪音。对音乐室采用隔音墙、隔音门、声闸及室内作吸音处理的办法来避免对其他教室的干扰。

采集均匀的自然光、避免阳光直射是小学设计必须注意的问题。如上所述,采用外廊式双侧窗布局和框架结构可有效地采集充足而均匀的自然光。夏日阳光直射到桌面或书本上的照度可达 20000 勒克斯以上,而无直射光照射的书本或桌面的照度最高只有 200～800 勒克斯,无论是看书写字或看黑板,人眼难以同时适应差距 25～100 倍的两种亮度,而使视觉疲劳。为避免阳光直射,D 区小学将主要教室一字展开,外廊放在南边,主要采光窗朝北,光线柔和均匀。I 区小学从建筑学的角度考虑做了北廊教室,但南向窗结合立面处理加水平遮阳。

通过对珠江新城 I 区、D 区小学的研究分析,可见广州地区的小学建设除有适应自然环境改善物理条件的创新外,在用地规划上有两点值得注意。首先,要有合适的用地标准。在进行城市控制性规划的时候,教育用地应充分听取教育部门的意见。目前国家建委与教育部规定的小学用地标准差距较大,前者为 7～10 平方米/生,后者为 10～11 平方米/生。规划部门一般执行建委的规定,且在用地紧张的情况下常取下限。而教育部门从学校建设考虑,又常按教育部规定的上限确定学校的建设项目。其结果学校的运动场地和绿化地得不到保障,不利于学生的全面发展。珠江新城 D 区小学用地指标只有 6.15 平方米/生,甚至低于国家建委规定的下限,致使运动场地不足,且和教学区混在一起,噪音难以控制。其次是合适的用地形状。根据广州的气候特点,主要教室都采用南北朝向的外廊式布局,因此学校用地的东西方向应有足够的宽度。另外,小学至少要保证 60 米直跑道,加上缓冲区,总长应为 85 米左右,且跑道长轴应沿南北布置,因此小学用地应保证南北方向至少 85 米。珠江新城 D 区小学用地南北方向甚至放不下 60 米直跑道,只好将跑道沿东西向布置,既不符合学校设计规范,又对主要教室产生噪音干扰。

在适应环境、有所创新方面值得研究的还有广州的文化假日酒店和深圳蛇口的南海酒店。这两座建筑都没有简单地照搬西方建筑理论,而是在特定的条件下,将西方先进的建筑理念与地方文脉相结合,并有所创新、有所发展。

广州文化假日酒店[7]（图6-14）位于广州环市东路华侨新村入口处，是包含客房、餐厅、商场、电影院在内的以住宅和文化娱乐为主的酒店。建筑面积45792平方米，1989年竣工，由新加坡王及五建筑事务所和华南理工大学联合设计。该酒店临街面分级后退，呈阶梯状，表现了对城市环境的谦让，有利于主干道的日照和通风，也为身居高楼的旅客提供了若干空中花园，改善了生态环境。以咖啡色为底，白色的窗台形成重复的韵律，并且在变阶处产生强烈的节奏感，"建筑是凝固的音乐"在这里十分突出。裙房上下檐口贴有汉文化的纹样，使建筑具有了民族的特色，文化假日酒店在尊重城市环境、突出民族特色的过程中创出了建筑的新意和特色。

蛇口南海酒店[8]（图6-15）是一座外形别致，与海景山势融为一体，在保持民族文化、尊重地域特性的同时，刻意创新的五星级酒店。1993年获中国建筑学会优秀建筑创作奖。

南海酒店占地3.5公顷，总建筑面积35000平方米，客房383套，附设有中西餐厅、咖啡厅、多功能厅、舞厅、酒吧、商场、游泳池等。酒店建成于1986年。由华森建筑工程设计顾问公司设计，总建筑师是建筑设计大师陈世民先生。

南海酒店位于蛇口秀丽的海湾，背靠青山，面向大海。南海酒店在与环境的协调中产生了自己的特色。其具体做法是："①围绕山与海的自然走势将主楼分成五个相近似的矩形单元，组成弧形构图，围山面海展开，使所有客房都具有良好而宽阔的海景；②在建筑剖面构图上，逐层后退布置客房，将主楼由下向上倾斜退后，使建筑显得挺立自然，建筑与山、海的关系更为协调；③主楼靠山一面增设了一道天桥、一组瀑布。天桥可使酒店与山上游览设施沟通，倾泻而下的瀑布延展成26米长的水幕，有声有色。建筑与山通过桥、水相依，形成不可分割的关系。在主楼正面，围绕游泳池将一组低层的亭廊安排在开阔的场地上，好似主楼建筑一直叠落至岸边，同时海岸的树林和草地又扩展至建筑的庭院内，通过建筑与绿化的相互渗透，使建筑与海岸融合在一起；④为使建筑与海

图6-14
广州文化假日酒店

图 6-15
蛇口南海酒店（引自《深圳名厦》）

岸关系不被分割，让人可在海岸上的宽阔绿地自由活动，特地一反常规将车行道移至山脚下，将酒店入口大门面向瀑布设置，这是反常规作法，但却恰恰是酒店设计别出心裁的地方；⑤为便于有效利用海景，设计中特地将酒店大堂一层地面比自然地面抬高1.5米，一方面让旅客一进入酒店大堂就可以眺望海岸景色，另一方面将公用设施和服务设施均置于地下。这样酒店范围内仅有一座主楼，留出了尽可能多的绿化场地。"[9]

南海酒店除与环境十分融洽外，充分利用海景来组织建筑空间是其另一个特点。设计之初霍英东先生曾向陈世民建议，采用以内向空间为主的中国庭院式建筑，也有人建议采用紧凑繁华的商业空间模式，但通过对环境的分析，陈世民先生认为：天然的海景是最好的资源，再造内向型庭院空间并不可取，商业空间的做法也过于生硬。最终的南海酒店作足了海的文章，以海为题组织空间，安排了多层次的空间序列，渲染空间感受的高潮。"第一个空间序列是透过路端的酒店旗杆、标志石、树林草坪，逐步展示出隐约可见的海湾轮廓，使人感到进入依山傍海的美丽环境，心情得到松弛。第二个空间序列是酒店的入口大门，用降低的亭廊包围的半开敞空间，展现出一组26米长的层层奔泻的水幕，发出响亮的落水声。水幕后灯光照射下的浮雕叙述着蛇口的神话历史，目的是使人暂时忘却旅途疲劳或因商业竞争而仍然盘旋在脑子里的思想负担。第三个空间序列是大堂的前厅。当客人办理登记手续时，由于大堂地面抬高了，透过多层建筑空间仍能观察到蔚蓝的海面和对岸起伏的群山，诱发了向往之情。第四个空间序列是当客人推门进入客房的一瞬间，透过整幅落地的大玻璃窗，面对海湾景色会迫不及待地放下行李，冲向阳台饱赏大自然风光，深深呼吸清新的空气。这里虽是一间普通的客房，但是通过建筑空间的一系列组合，却"渲染"了一个高潮，带给人一份宁静和喜悦。"[10]

南海酒店的第三个特点是建筑造型具有极强的个性。酒店的外形十分独特，客房的贝壳状阳台作为主要的建筑语言，揭示了客房组合的韵律和滨海酒店的特点。酒店的山墙形同大海中高扬的风帆，令人浮想联翩。6个中国式的攒尖亭围绕主楼和具有地方特色的精致庭院相得益彰，透出酒店的中国情节。

本书至此，已对80几座建筑或建筑群从各个不同的角度进行了较为详细的分析研究。这80几座建筑或建筑群是珠江三角洲在20世纪最后20年中较为典型的代表。通过对这些典例的分析，看出珠江三角洲的建筑在20年中，经过吸纳西方建筑理论、继承传统精华、融合多元建筑文化的过程，逐步走向了开创岭南建筑新风的发展道路。从数量上看，因为时代的错位，直接吸纳世界建筑理论的建筑铺天盖地，继承传统建筑精华、开创岭南建筑新风的建筑却显得不足，但这些具有创新精神的岭南新建筑却代表了珠江三角洲建筑发展的方向。准确地讲，我们还处在消化世界先进的建筑理论、总结民间优秀的传统经验、探索岭南新建筑的过程中。从这个角度看，建筑数量在"纳"、"承"、"融"、"创"之间的不均衡就不足为奇了。开创岭南建筑的新风，是一个艰苦而漫长的过程，也许需要几代建筑学人的努力。在大量工程实践的同时，还应有大量的理论研究，下一节将对岭南建筑师在创作理论方面的探索作一个概要的分析研究。

第二节 岭南新建筑的创作理论

从20世纪50年代广州文化公园水产馆建立以来，半个多世纪的时间里，岭南建筑学人在探索岭南现代建筑的道路上，不屈不挠，前赴后继。改革开放后，在大量的工程实践中，吸纳世界先进的建筑理论，研究并继承民间的建筑精华，融合中外古今的建筑文化，努力开创岭南建筑的一代新风。经过大量的工程实践，岭南新建筑系统的创作理论正在逐步形成。从辩证哲学的观点看来，这正好处在从实践到认识的第一个飞跃中。岭南新建筑的代表人物佘畯南、莫伯治、何镜堂等,在理论研究方面做了大量的工作。他们的创作思想具有一定的代表性。

佘畯南的建筑观与设计哲理

佘畯南先生的建筑观表现在五个方面。第一,佘先生认为建筑是一种社会艺术,具有人性精神。建筑是为人,空间是为人,环境也是为人,人是万物的尺度。因此,建筑设计必须以人为核心思考一切。建筑师应像文学家一样研究深入生活,了解人,熟悉人,只有对人的研究下功夫,才会创造出为人喜悦的建筑。建筑与人的关系是互相制约的,起初是人塑造建筑,后来是建筑塑造人。佘先生认为,"一个好的建筑作品应该是一个具有生命的建筑,它具有动人的感染力,它会表达建筑师的思维活动和意志,它像一首交响曲有韵律地有节奏地给你以思想感情。只满足功能和审美要求的建筑,只是一件没有生命的工具"[11]。从这里可以看出佘先生对建筑的精神功能和文化内涵的重视。

第二,佘畯南先生认为建筑是组织空间的艺术,空间是建筑的灵魂。建筑的价值在于建筑物与内部空间的物质中,不同空间使人产生不同的情感。因此,建筑师要善于组织空间,正确地运用静态空间和动态空间。佘先生认为:"建筑创作应该把人的活动与几何学三度空间作为一个整体去进行构思。这样就扩大了我们思维活动的领域。这是四度空间的概念。如果将四度空间与周围事物如动植物、水石景、声、光、色、时令季节等结合成为一个整体来进行思考,多因素的构思丰富了建筑空间构图。这是人们思维活动的意志塑造出来的实体空间,称之为五度空间,这个动态的实体反映到人们的头脑里,塑造了思想感情,这意境空间的创造意味着六度空间的概念。意境是没有固定界限的空间,其界限之深度、广度及层次是取决于创作才华及人们的感受程度。"

第三,佘先生认为,"建筑不仅是艺术,亦是一项高度精密的社会科学和自然科学,它是把空间与人类物质文明、精神文明、舒适、愉快联系起来的产物。宇宙是运动的,人的头脑是活的,因而思维产品应是动态的"。从发展的运动的观点看建筑,在进行建筑创作时就应该博采众家之长。博采众长首先是继承传统。"传统是建筑与政治、经济、社会交织而成的人类遗产。对历史的延续性的理解是设计研究不可缺少的一步,亦是设计研究的重要组成部分。要承认过去,回答现在,展望将来,在不生搬硬套传统的前提下,抛弃遗产是无益的。"佘先生指出："我们建筑创作的根子是中国的,受到中国传统的道德和哲学观念的陶冶。中国建筑是中华民族几千年来光辉灿烂的一个重要组成部分。我国传统建筑的遗产极其丰富,包括形式与内容。传统的大屋顶、屋身、基座为世人所熟悉,具有甚明显的个性。斗栱、雕梁画栋、雀替、槛窗、隔扇、颜色等精致多彩,加强了中国传统建筑形式的个性。这个性源出于木构架建筑体系。如何使它与以新材料、新结构、新技术、新设备为基础的新建筑相结合而产生共鸣,是很有趣味而值得探索的难题。"

"中国传统建筑布局与空间组织的手法是遗产中极重要部分,我国传统的木构架建筑体系以'间'为单位构成单座建筑,再以单座建筑组成庭院,进而以庭院为单位组成多样性的群体布局。这优良多变的群体布局源出于木构架建筑体系。因单座建筑体形的单调,所以在群体布局上下功夫而取得独树一帜的成就。"

"造园艺术反映中华民族喜爱自然,对自然美有巨大而深刻的理解力和鉴赏力,善于将自然美的规律转化为人工美,熟练地运用中国传统造园艺术去组织现代建筑空间,把室内空间和室外空间互相渗透,是重要的课题。1965年设计的广州友谊剧院,1966年改建黄婆洞仓库为渡假村,改造化工厂为广州少年宫,1973年设计的东方宾馆新楼,都采用这手法,取得好效果。造园艺术体现我民族气宇宏阔,温文有礼,虚怀若谷,淡泊无欲,富于含蓄的素质。诗的意境、画的构图是中国造园艺术内涵美的要素。通过组织观赏点来创造空间序列,使人步移景生,宛如一幅徐徐开展的画卷,亦似一首委婉回环之诗篇。白天鹅宾馆的设计效法于此,从高架桥头到大门前雨篷,从大堂到中庭,进而至后院的鹅潭夜月,动态空间使人一步一景,如电影的一个镜头又一个镜头,构成一部完整而动人的电影片子。开阔而明朗的中庭园院子的扩大,水声潺潺的故乡水,使游子倍思亲,莺歌厅的鸟声使人联想到'燕舞'。这里有欣赏瀑布的观赏台,有借珠江水色的镜墙,亦有人观赏人的共享空间,处处都是对景。艺术距离虽长而嫌其短,艺术空间虽小而感其大。这宾馆每天接待数以万计的游人,此乃'古为今用'之功也。"

博采众长的另一个含义就是吸纳西方先进的建筑理论,但一定是去粗取精,去伪存真,方能奏效。佘先生强调,"'洋为中用'必须坚持'取其精华'的原则,重点应在于取内涵之美、本质之美,绝不是只对'表'的抄袭及模仿"。

第四,佘畯南先生认为建筑创作是一个实事求是的过程。每一项设计都应做到因人制宜、因地制宜、因时制宜、因钱制宜。佘先生特别强调在满足建筑功能的前提下不能忽视经济的制约。在建筑材料的使用上要精打细算,做到"高材精用,中材高用,低材广用,废材利用,就地取材"。佘先生坚持认为,"投资省、材料低是可以搞出高水平的设计的,花钱多不一定能搞出好的作品,而且好的作品应该是价廉物美的"。佘先生主持设计的广州友谊剧院,土建每平方米只有125元,总投资不到200万元,在当时的剧院建设中花钱最少,影响却波及全国。20世纪70年代佘先生设计的广州东方宾馆新楼,与旧楼面积相同,投资却只有旧楼的3/5,房间数量比旧楼多70%,而且大大增加了公共活动场地,为旅馆设计带来了新的概念。80年代佘先生与莫伯治先生共同主持设计的白天鹅宾馆,每个房间平均造价仅4.5万美元,在同类现代旅馆中投资最省。

第五,佘先生认为"人才之意是先学会做人,然后成才……建筑哲理是建筑师做人哲理在建筑创作上的反映"。作为建筑师要做好建筑,就必须先学会做人。人生品质的最高境界应当是"宁可无得,不可无德"。佘先生常告诫青年建筑师"钱是身外之物,学识是脑中物,如五官永远附于人,勿迷财路而失前程"。佘先生主张设计班子的团结,反对文人相轻。他指出"管仲说:'大厦之成,非一木之材;大海之阔,非一流之归也。'当夜静时,仰视天上群星,天空宽阔无比,感到胸怀狭窄而惭愧。舟过地中海,深蓝色波涛在汹涌,海洋一望无际,感到在集体创作中,自己的作用是大海中的一滴水"。

佘畯南先生的设计哲理推崇辩证唯物论的基本观点,尤其强调突出重点抓主要矛盾。佘先生在谈到设计方法时指出:"对立统一法则是唯物辩证法的最根本的法则,做设计方案要按照此法则在图纸上妥善地解决一系列的矛盾。对设计任务书进行细致的分析,这是分析矛盾和寻找主要矛盾的过程。要善于抓住主要矛盾,不要因小失大,保得局部而失全局,取得个体而失总体。建筑的细部设计固然重要,但总体布局和组织空间更为重要。如总体布局和组织空间不得体,虽然有精美的细部设计也不可能挽回战略性的失败。在建筑处理手法上,整体性是十分重要的一环。建筑物是其四周环境整体的局部,而室内的空间又是建筑物整体的局部。局部是为总体的整体性而存在。建筑装修设计选用材料的种类不宜贪多,运用色泽时不要繁琐。处理手法不要'耍杂技',弄得五花八门,杂乱无章,因而破坏了建筑的整体性,导致设计的败局。这些例子不少,其主要原因就是忘却了抓住主要矛盾这个环节。"

佘先生除强调运用矛盾的观点解决问题外，还注重实践的观点和运动的观点，认为一项设计是否成功，要由实践来检验，在设计阶段要注重吸收别人通过实践得来的经验教训，"应该对自己的设想多问个'是否对头？'既要有坚持真理的意志，也要有向真理低头的勇气。善于否定自己的错误设想而前进。树立实践第一观点，可以减少设计工作中的盲目性、片面性和主观性"。

一个建筑师要以运动的观点看问题。"随着时间和空间的变动，一切事物都在变动中。新事物经常出现于我们的周围。不要用静止的观点去看在运动中的世界。不论从小居室到走廊，从走廊到街道、广场、小区、整个城镇，都是人与空间、人与环境的关系。建筑师设计一个空间，这不是一个孤立的静止的空间，而是要把活动的人的因素联系进去，它是人活动的空间。世界是在运动中，建筑师的头脑也是在运动中，要有察觉新事物的敏感性，要有寻找新事物的热情。要勤于探索新理论、新技术、新设备、新材料。这样，设计的思维才能追上新的历史时期的步伐。"

莫伯治的创作思想

莫伯治先生的创作思想可概括为八个字，即"求实、认同、复归、沟通"。

"求实"就是在建筑设计中对客观事实的尊重，不搞异想天开，讲求实事求是。莫老在《我的设计思想和方法》一文中讲："在我的建筑创作过程中，往往涉及一个重要的思维领域，就是遵从客观因素的科学分析，如基地环境的处理（包括地势、地质、气象、建筑环境），现代功能的满足，新材料性质的体现，新技术发展的运用等等。透过这些分析，从建筑的体型、空间、构造以至构图的处理，与上述客观因素固有的内在本质之间，达到形神相通，表里统一。这或者可以理解为在一定时期内，对事物内涵表达的实现。"莫伯治先生的这个观点与现代建筑的核心理论是一致的，同时也表述了岭南建筑文化求实的基本特征。

"认同"就是指好的建筑要具有广泛认同意义的美学价值，反对建筑创作中孤芳自赏。莫先生指出："由于建筑是人类存在的认同空间，人们在创造建筑空间过程中，会按照适应于自己审美观的美学表现。这种审美观，不仅仅是建筑师个人的自我表现，而是建筑师在创作过程中，着意发掘存在于人们带有一定程度认同的意义，透过其个人风格和熟练技巧，阐释成各式各样的具体的建筑艺术语言，塑造出为人们所欣赏的作品。摸索具有广泛认同意义的建筑审美观，是建筑创作美学的重要课题。"

"复归"是指人们在建筑中应有对自然的复归感，这就要求建筑与自然环境融为一体，要适应当地的气候条件和地理条件。"大自然是人们生存活动的背景，人们喜爱和眷恋大自然，这是人类的本能。山水草木，自然景物，能够满足人们卫生健康的功能要求。当人们接触到自然景物时，会悠然产生一种'复归'的感觉。因此，在建筑设计中，将山池树石有机地组合于建筑空间，并不是可有可无，而是必不可少。这样做可以使建筑空间的层次更加深远，序列的变化富于韵律，增强四维空间的感觉；另外，建筑与景物组合在一起，透过传统的文化意识（如诗情画意），诱导人们对大自然意境的联想和对空间的感情移入，赋予建筑空间以生命力。"

珠江三角洲地处亚热带地区，常年气温高，夏季时间长，雨量充沛，湿度大，因此四季常青，具有良好的造园环境和条件。重视建筑与园林的结合，重视建筑与自然的相互认同，是莫伯治先生在多年的设计实践中始终如一的理念。从20世纪50年代的北园酒家，60年代的白云山山庄旅舍，70年代的矿泉别墅、白云宾馆，到80年代的白天鹅宾馆，都表现出了建筑对自然环境的尊重，人们在这些建筑中对自然的复归感油然而生。

"沟通"是建筑对历史建筑文化的沟通。莫伯治先生的这个观点不同于割断历史的现代主义建筑理论。他认为现代文化是历史文化的发展与延续，建筑与文化是同构的，现代的建筑艺术也不能割断与建筑历史文化的联系。而应探索古今建筑艺术处理手法的共性，从而得到沟通的途径。莫先生认为这种沟通包括两方面的内容，既有对民族及地方传统建筑文化的沟通，也有对世界建筑历史文化的沟通，因为任何民族的文化都是人类的共同财富，对其他民族的文化都具有普遍的借鉴意义。

"沟通"的观点体现了岭南建筑文化的包容性特点。"包容性与文化的多源性密切相关。自古以来，岭南文化就曾吸收了百越文化、荆楚文化、吴文化、中原文化等各种文化因素，近代以来，岭南地区更成了中西文化撞击的焦点，因此，也必然会接受各种外来文化的影响。长期以来，岭南远离中国的政治中心，与正统的中原文化相对较疏远，缺乏中原文化的那种自我中心主义，能较平等地包容其他文化。这种包容性又因其面向海洋，更具有大海般的心胸。"[12]

正是这种包容，使岭南建筑丰富多彩，不断更新。

莫伯治和何镜堂共同主持设计的广州西汉南越王墓和广州岭南画派纪念馆，都是多元文化沟通的典例，前面已作了详细的分析。在这两座建筑中，不同的文化领域，表面上看难于融合，但在一定层次上交汇，产生了共性，沟通得以实现，使建筑具有了深刻的文化内涵。

何镜堂的创作理论

何镜堂先生走了一条教学、科研和设计实践相结合的特殊道路。他的创作理论受到岭南现代建筑的创始人夏昌世教授的影响，早年曾追随夏教授访遍粤中和潮汕地区的岭南园林，对岭南的地方文化十分熟悉，在改革的大潮中回到广东，参加了大量的重要工程的设计，在设计中特别注重理论探索和研究。师从名师和大量实践是其创作理论形成的源泉。

笔者在拜访何镜堂先生时，亲耳聆听了何先生谈他的创作理论。何先生的创作哲理建立在辩证唯物主义的理论基础之上。在创作中首先要坚持矛盾的观点。对每一个具体工程项目，要仔细分析全部条件和各种制约因素，揭示主要矛盾，抓住主要矛盾，反对多管齐下，眉毛胡子一把抓。其次要有整体的观点，也就是要有大局观念，每一个具体项目都由多个局部构成，突出重点，服从大局，建筑才有了主题，避免杂乱无章。第三要有发展的观点和运动的观点，创作过程中不断地接收新思想，利用新材料和新技术，不墨守陈规。第四要反对绝对真理的观点，也就是在建筑创作中坚持多方案比较，择优采用。创造优秀建筑的方法是多种多样的，没有惟一的绝对正确的创作道路，因此，坚持优选的观点是必不可少的。第五要有协调统一的观点，建筑的风格与内容统一，建筑与城市环境要协调。何先生尤其强调在一定的条件下，对比也是协调，但要把握好度，超过这个度真理就变成了谬误，万绿丛中一点红很美，很协调，一半红一半绿就不协调了。

何先生创作理论的核心是抓住建筑的地域性、文化性和时代性。何先生认为："一座优秀的建筑，必然是融于环境、表达地域的特征，具有文化品味和时代精神。在建筑设计中，如何体现建筑的地域性、文化性和时代性，是建筑创作能否突破和创新的关键。"[13]

地域性包含气候、地理、地貌等自然环境，历史、文脉等人文环境，以及周围建筑和城市环境。与地域环境格格不入的建筑就是无源之水，无本之木。

文化性包含世界文化和地域文化两个方面。世界文化是人类的共同财富，是具有共性的文化，地域文化属于个性文化，正是地域文化的存在，才使此地的建筑区别于彼地的建筑。建筑是文化的一部分，除了能满足人们经济的和功能的需要外，成功的建筑还应有文化的品味，以满足人们的精神要求。何先生在完成大量科教、博物馆、纪念馆等文化建筑的过程中，创造了通过历史文脉和地域特色体现文化内涵的较为有效的途径。前面已经提到的南越王墓、岭南画派纪念馆、逸夫科学馆以及鸦片战争海战馆都是这方面成功的创造。

时代性就是要体现建筑所处时代的时代精神，哪怕这座建筑是建在古建筑旁边，它也不能完全复古，而只能是以新时代的建筑语言与古建筑对话，产生呼应，这里就有一个继承传统与创新的问题。何镜堂先生认为："传统建筑的精华部分是我们的宝贵财富，但历史的传统只有和现代功能、材料、技术和现代美学原则结合起来，才有生命力。借鉴传统只是创作的镜子，传统与现代相结合，立足现代，锐意创新，使我国的建筑更具先进性、科学性、时代性、欣赏性，更加适用、美观、大方，更能反映我们民族的历史、文化和当今科学技术发展的轨迹，这才是我们努力的方向。"综观何先生的作品，从深圳科学馆、市长大厦、南越王墓博物馆、逸夫科学馆到东莞文化广场，无一不透出强烈的时代气息。

岭南新建筑创作理论的概述

珠江三角洲是岭南文化的中心，也是岭南建筑文化的中心。通过改革开放 20 年大量的工程实践，岭南新建筑的创作理论正在逐步形成和完善。上一节中我们对珠江三角洲在建筑学方面仅有的三位中国工程院院士和建筑设计大师的创作理论进行了分析研究，他们的理论观点具有一定的代表性。珠江三角洲在 20 世纪最后 20 年辉煌的建筑成果是众多建筑学人共同努力的结果，关于创作理论的观点众说纷纭，百花齐放。本节试图对珠江三角洲建筑 20 年的创作理论作一个简要的概括，因学识所限，难免有所疏漏。

经过对珠江三角洲 20 年的研究，总结出在 1979 到 1999 这 20 年的时间内珠江三角洲的各类建筑体现出四大特征，即：吸纳世界建筑理论；继承传统建筑精华；融合多元建筑文化；开创岭南建筑新风。可概括为"纳、承、融、创"四个字。一个地区的建筑体现出的特征与这个地区的设计创作思想有对应的关系。综观各家各派的创作理论，可见无一不是围绕着"纳、承、融、创"这四个字展开。因此，这四个字既是珠江三角洲20年建筑中的特征，又可用来概括珠江三角洲建筑20年的创作理论。

纳：广东在地理上远离中原，南临大海，毗邻港澳，历史上，早在西汉初年就有了"海上丝绸之路"。明清，长期由广州一个口岸垄断海上贸易。历史和地理的原因，促使广东大量吸纳海外文化。在20世纪50～70年代探索现代岭南建筑和改革开放后创作岭南新建筑的过程中，建筑师们自觉不自觉地把吸纳世界先进的建筑理论作为基本的创作指导思想。佘畯南先生的"博采众长"论，莫伯治先生的"沟通"的概念和何镜堂先生的"文化性"的内涵中都包括了吸纳世界建筑文化、"洋为中用"的意思。正是在这种创作理论的指导下，现代主义、后现代主义、解构主义等世界建筑的潮流，在珠江三角洲短短20年的建设中得到了集中而充分的表现。佘畯南和莫伯治先生提出"求实"精神，强调建筑功能第一、讲究经济效益、因地制宜、因时制宜等观点，都与改变了世界建筑面貌的现代建筑理论异曲同工。

承：广东地处亚热带地区，气候炎热，湿度大，雨量充沛，多台风，民间传统建筑十分注意适应当地气候特点，前塘后山，座北朝南，梳式布局，小天井，敞厅，冷巷等都是通风、隔潮、避热、防雨、防风的行之有效的办法。

广东人的生活习惯，如以客厅组成家庭生活、喜冲凉、洗地、重视邻里关系、强调个人隐私等等都在传统的民间建筑中得到了一定程度的尊重。明字屋的大厅小卧、三间二廊向廊开卧室门等都反映了这种尊重的关系。

广东四季常青，花木生长快，品种繁多，易于造园，民间建筑素来重视绿化与建筑配合，相得益彰，岭南庭院独有通透、轻盈、小巧、玲珑的特点。建筑与自然环境互相认同，融为一体。

广东民间建筑多能因地制宜，就地取材，追求实效，不图虚名，体现了广东人文特征中的务实性。

广东民间传统建筑的上述优点，是民间传统建筑的精华。这些传统的建筑文化，经过以华南理工大学建筑学院为主的众多理论工作者的研究总结，潜移默化地对广东建筑设计人员产生了影响，使他们在创作中把继承民间的建筑精华视为重要的创作理论之一。佘畯南先生的"博采众长"包含了继承传统的意思，莫伯治先生的

"沟通"包含与传统建筑的沟通，何镜堂先生的"地域性"和"文化性"都包含了继承传统的意思。

融：岭南文化古代就是百越文化、荆楚文化、吴文化、中原文化融合的结果，近代中西方文化在这里撞击，形成中西文化的交汇点，文化的多源性，必须导致文化的包容性，岭南文化的发展史决定了它缺乏中原文化的那种自我中心主义，能够平等地兼容并蓄其他文化，包括来自海外的西方文化和来自内地的各种地方文化。正是这种文化背景，使得西方的各种建筑理论和内地的一些建筑观念，在珠江三角洲与原有的岭南建筑文化发生激烈的碰撞，开始时这种碰撞显得十分生硬，逐渐地多元的建筑文化在某一个层次上，找到了具有共性的交汇点，于是出现了多元建筑文化在珠江三角洲的大融合。岭南画派纪念馆用西方新艺术运动中高迪的设计手法来表现岭南画派的叛逆性和革新精神。东西方文化，且处在不同的文化领域，因其产生于同一时期，具有本质上相同的理念，而在岭南画派纪念馆中互相认同，完成了天衣无缝的文化融合。刻意把多元建筑文化融会贯通，运用到设计中成了岭南新建筑创作的基本理论之一。

创：革故鼎新是岭南文化最重要的特点。近海外的地理环境，深厚的商文化底蕴造就了岭南文化善于开创、习惯变化、不怕新奇的特质，在改革开放中广东敢为天下先、先走一步的创新精神正是这种文化的表现。珠江三角洲建筑在20年的发展中，大量地吸纳西方先进的建筑理论，研究和继承民间的精华，把各种建筑文化融为一体，最后的落脚点还是在创新上。在设计中要有所创新，成了岭南新建筑创作理论的最高原则。何镜堂先生特别强调的"时代性"就是要求建筑要创新，要体现时代的特征。在继承优良传统的同时，要用当代的新材料、新技术和新的设计原理来创造新的建筑面貌。佘畯南和何镜堂先生都坚持以辩证唯物主义为哲学基础的设计哲理，强调用发展的观点、运动的观点看待创作，这就是要求建筑师跟上时代的步伐，不断地接受新思想、新理论，有所发现，有所创新。在这种刻意创新的思想指导下，才有了白天鹅宾馆、西汉南越王墓、红线女艺术中心、深圳科学馆、星海音乐厅、东莞"科书博"、逸夫科学馆、广州购书中心、广东美术馆、深圳高科技展览馆等一大批具有创新精神的建筑，尽管就总体数量而言，这类建筑还嫌太少，但它们代表了岭南新建筑发展的方向，随着时间的推移，这类集众家之长、刻意创新的建筑必将层出不穷。

本章注释

[1] 引自佘畯南《从建筑的整体性谈白天鹅宾馆设计构思》（载于《佘畯南集》）。

[2] 引自莫伯治《梓人随感》（载于《建筑师修养》1992）。

[3] 引自莫伯治、何镜堂《南越王墓博物馆二期工程珍品馆建筑设计》（载于《建筑学报》1994.6）。

[4] 同注3。

[5] 引自莫伯治、何镜堂《由具象到抽象——岭南画派纪念馆的构思》（载于《建筑学报》1992.12）。

[6] 引自莫伯治等《广州红线女艺术中心》（载于《建筑学报》1999.4）。

[7] 广州文化假日酒店资料引自林其标《亚热带建筑》。

[8] 蛇口南海酒店资料引自《深圳名厦》和陈世民《时代·空间》。

[9] 引自陈世民《时代·空间》。

[10] 同注9。

[11] "佘畯南的建筑观点与设计哲理"一节中引用的佘畯南原话引自《佘畯南集》。

[12] 引自陈开庆、肖裕琴《现代岭南建筑的理论基础》。

[13] 引自刘宇波、林尤秩《建筑设计大师何镜堂》（载于《南方建筑》1997.1）。

主要参考文献

1. 曾昭奋. 郭怡昌作品集. 中国建筑工业出版社,1997
2. 夏昌世. 园林述要. 华南理工大学出版社,1995
3. 杜汝俭. 中国著名建筑师林克明. 科学普及出版社,1991
4. 李建成. 泛亚热带地区建筑设计与技术. 华南理工大学出版社,1998
5. 李锦全. 岭南思想史. 广东人民出版社,1993
6. 李权时. 岭南文化. 广东人民出版社,1993
7. 司徒尚纪. 广东文化地理. 广东人民出版社,1993
8. 吴焕加. 论现代西方建筑. 中国建筑工业出版社,1996
9. 陆元鼎. 民居史论与文化. 华南理工大学出版社,1995
10. 林其标. 亚热带建筑. 广东科技出版社,1997
11. 曾昭奋. 莫伯治集. 华南理工大学出版社,1994
12. 曾昭奋. 佘畯南集. 中国建筑工业出版社,1997
13. 当代中国建筑师何镜堂. 中国建筑工业出版社,1997
14. 胡建雄. 地王大厦. 中国建筑工业出版社,1997
15. 陈世民. 时代·空间. 中国建筑工业出版社,1996
16. 深圳城建档案馆编. 深圳名厦,1995
17. 黄华生. 香港建筑发展概况. 建筑学报,1997
18. 刘 衡. KPF作品评析. 建筑学报,1997.2
19. 王贵祥. 西方建筑史觅踪. 建筑学报,1994.2
20. 艾定增. 文化·文明·文脉. 建筑学报,1989.7
21. 李世芬. 创作呼唤流派. 建筑学报,1996.11
22. 陈伯超等. 现代建筑在欧洲的新发展. 建筑学报,1997.7
23. 刘先觉. 什么是晚期现代主义建筑. 南方建筑,1997.2
24. 章迎尔. 关于后现代建筑的社会基础、理论基础、理论框架和发展前景. 南方建筑,1995.1
25. 郑光复. 从哥特式到高技派. 南方建筑,1993.1
26. 窦以德. 中国建筑现代化的维生素. 建筑学报,1997.11
27. 周卜颐. 谈后现代与我国的建筑创作. 建筑学报,1991.5
28. 赵 冰. 后现代主义多元论. 建筑学报,1996.11

29. 张　萍. 后现代主义与中国当代建筑文化. 建筑学报，1996.11
30. 邹德侬. 两次引进外国建筑理论的教训. 建筑学报，1989.7
31. 周卜颐. 中国建筑界出现了'文脉'热. 建筑学报，1989.2
32. 曾牧原等主编. 广东二十年经济发展的理论思考. 广东人民出版社，1998
33. 司徒尚纪. 广东政区体系. 中山大学出版社，1998
34. 伍　江. 上海百年建筑史. 同济大学出版社，1997.5
35. 刘圣宜，宋德华. 岭南近代对外文化交流史. 广东人民出版社，1996.1
36. 邓开颂，陆晓敏. 粤港澳近代关系史. 广东人民出版社，1996.3
37. 陆元鼎. 中国传统民居与文化——中国民居学术会议文集. 中国建筑工业出版社，1991
38. 魏彦钧. 广东侨乡民居
39. 陆　琦. 广东民居装饰装修
40. 陆元鼎，魏彦钧. 广东民居. 中国建筑工业出版社，1990.6
41. 陆元鼎. 中国传统民居与文化——中国民居第二次学术会文集. 中国建筑工业出版社，1992
42. 中国建筑史编写组. 中国建筑史. 中国建筑工业出版社，1982
43. 陈志华. 外国建筑史. 中国建筑工业出版社，1979
44. 马秀之等. 中国近代建筑总览——广州篇. 中国建筑工业出版社，1957
45. 巨匠集第一卷. 当代中国著名特许一级注册建筑师作品选. 中央文献出版社，1998.10
46. 林兆璋建筑创作手稿. 国际文化出版公司，1997.4
47. 岭南古建筑. 广东省房地产科技情报网、广州市房地产管理局出版，1991.11
48. 何镜堂. 建筑创作要体现地域性、文化性、时代性. 建筑学报，1996.3
49. 林克明. 对当前国内建筑创作的看法. 南方建筑，1991.2
50. 林其标. 环境是建筑创作构思的源泉. 南方建筑，1991.2
51. 陆元鼎. 借鉴传统贵在创新. 郭怡昌作品集
52. 陈开庆. 继承和发展现代岭南建筑的优秀代表. 郭怡昌作品集
53. 叶荣贵. 广州城市形象建设标准求索. 南方建筑，1998.4
54. 刘管平，谭伯兰. 不息的追求与探索. 郭怡昌作品集
55. 何镜堂. 博取众长，融汇创新. 郭怡昌作品集
56. 胡镇中. 一代精英——设计大师郭怡昌. 郭怡昌作品集
57. 陆　琦. 郭怡昌建筑作品的空间艺术处理. 郭怡昌作品集
58. 陆元鼎. 抢救民居遗产 加强理论研究 深入发掘传统民居的价值. 华中建筑，1996.4
59. 陆元鼎. 中国民居研究现状. 南方建筑，1997.1

60. 陆元鼎，杨谷生. 民居建筑. 中国美术全集丛书. 中国建筑工业出版社，1988
61. 陆元鼎. 广东潮州民居丈杆法，1987
62. 陆元鼎，马秀之，邓其生. 广东民居. 建筑学报，1981.9
63. 陆元鼎. 广州陈家祠及其岭南建筑的特色. 南方建筑，1995.4
64. 陆元鼎. 中国传统民居的类型与特征. 南方建筑，1992.1
65. 顾孟潮. 莫伯治与〈莫伯治集〉. 建筑学报，1995.2
66. 陈开庆，肖裕琴. 现代岭南建筑的理论基础. 建筑创作与科研论文集
67. 莫伯治. 我的设计思想和方法. 当代中国建筑师
68. 林兆璋. 岭南建筑新风格的探索. 莫伯治集
69. 胡镇中. 郭怡昌先生. 南方建筑，1996.4
70. 刘宇波等. 建筑设计大师何镜堂教授. 南方建筑，1997.1
71. 何镜堂. 文化环境的延伸与再创造. 建筑学报，1997.10
72. 刘管平. 广州庭院. 建筑师(5). 中国建筑工业出版社，1980
73. 吴庆洲. 中国民居的防洪经验和措施. 中国传统民居与文化(第四辑). 中国建筑工业出版社，1996
74. 林克明，邓其生. 广州城市建设要重视文物古迹的保护. 中国著名建筑师林克明
75. 潘　安. 广州城市传统民居考. 华中建筑，1996.4
76. 汤国华. 广州近代民居构成单元的居住环境. 华南建筑，1996.4
77. 汤国华. 从广州人行道热环境看骑楼建筑的去留. 南方建筑，1995.2
78. 广东气候. 广东科技出版社，1987
79. 李小静，潘　安. 广州骑楼文化与城市交通. 南方建筑，1995.2
80. 潘　安. 广州传统民居产生的历史背景与文化环境
81. 谢　璇等. 北海市旧街区骑楼式建筑空间形态特征. 建筑学报，1996.11
82. 林其标. 开拓泛亚热带地区建筑的创作. 泛亚热带地区建筑设计与技术
83. 林兆璋. 林兆璋建筑创作手稿. 国际文化出版公司，1997
84. 林汝俭，李恩山，刘管平. 园林建筑设计. 中国建筑工业出版社，1986
85. 叶荣贵，林兆璋. 岭南名园图录选. 建筑学报，1981.9
86. 黄蜀媛. 大旗头村——华南农业聚落的典型. 华中建筑，1996.4
87. 邓其生. 岭南古建筑文化特色. 建筑学报，1993.12
88. 林克明，邓其生. 广州城市建设要重视文物古迹的保护. 南方建筑（创刊号），1981
89. 钟玉声，邓柄权. 岭南古建筑史略. 岭南古建筑
90. 邓其生，程良生. 岭南古建筑概论. 岭南古建筑
91. 钟玉声等. 岭南古建筑. 广州市房地产管理局，1991

92. 潘广庆，户博文. 岭南古典园林拾英. 岭南古建筑
93. 陈伟廉，林兆璋. 略论广东民居"小院建筑". 建筑学报，1981.9
94. 莫伯治. 漫谈岭南庭园. 莫伯治集
95. 莫伯治. 广州建筑与庭园. 莫伯治集
96. 莫伯治，何镜堂. 建筑创作中的民族形式问题. 莫伯治集
97. 莫伯治. 中国庭院空间的不稳定性. 莫伯治集
98. 周卜颐. 发展中国新建筑的希望在岭南. 莫伯治集
99. 齐　康. 个性与创意. 莫伯治集
100. 曾昭奋. 莫伯治与岭南佳构. 建筑学报，1993.9
101. 曾昭奋. 云归岭南. 莫伯治集
102. 莫伯治. 环境·空间与格调. 建筑学报，1983.9
103. 周凝粹. 务实·从理·人情·善变. 南方建筑，1991.2
104. 蔡德道. 琳琅满目，众说纷纭，何以自处?. 南方建筑，1991.2
105. 赵红红. 广东建筑创作的历史环境及理论意义. 南方建筑，1991.2
106. 叶荣贵. 环境与建筑空间. 南方建筑，1991.2
107. 周　霞. 广州城市形态演进研究. 博士论文，1999.5
108. 程建军. 广州陈家祠建筑制度研究. 民居史论与文化
109. 郭怡昌等. 深圳图书馆设计. 建筑学报，1987.6
110. 梁启杰. 中国大酒店. 建筑学报，1984.4
111. 林兆璋. 广东西樵山下之明珠——云影琼楼设计. 建筑学报，1994.7
112. 林兆璋等. 深圳银湖旅游中心设计手记. 建筑学报，1986.3
113. 郑祖良，刘管平. 广州文化公园"园中院". 建筑学报，1981.9
114. 莫伯治，林兆璋. 广州新建筑的地方风格. 建筑学报，1979.4
115. 张祖刚. 建筑创作初步形成多元格局. 建筑学报，1989.10
116. 莫伯治. 广州居住建筑的规划与建设. 莫伯治集，1994
117. 邓其生. 岭南居住小区环境规划质量综议. 南方建筑，1998.4
118. 邝庚年等. 广州地区居住行为特征及住宅设计要点. 居住模式与跨世纪住宅设计. 中国建筑工业出版社，1994
119. 林建平. "大厅小卧"量化分析初探. 建筑学报，1994.6
120. 关　钊. 智能住宅自动化系统在房地产建设中的应用. 中外房地产导报，1998
121. 李国文. 绿色住宅的市场需要. 中外房地产导报，1998
122. 伍乐园. 一代风流活良师. 佘畯南集
123. 齐　康. 创意与个性. 佘畯南集
124. 陈开庆，萧裕琴. 现代岭南建筑的杰出代表. 佘畯南集
125. 何镜堂，李绮霞. 现代岭南建筑创作的杰出代表. 佘畯南集

126. 戴复东. 园·筑情浓，植·水意切. 莫伯治集

127. 尚　廓. 承前启后，革故鼎新. 莫伯治集

128. 张锦秋. 生命之树常青. 莫伯治集

129. 叶荣贵. 岭南建筑创作的带头人. 莫伯治集

130. 彭一刚. 超越自我，思变求新. 莫伯治集

131. 陆元鼎. 创新·传统·地方特色. 建筑学报，1984.12

132. 胡荣聪. 岭南建筑的时代性和地方性. 南方建筑，1991.2

133. 罗昌仁. 深圳的城市建设与建筑. 建筑学报，1986.5

134. 周凝粹. 实践与求索. 建筑学报，1992.10

135. 张钦楠. 建立有中国特色的建筑学理论体系的一些建议. 建筑学报，1997.10

136. 曾昭奋. 新时期·新模式·新风格. 建筑学报，1985.4

137. 胡镇中. 南方建筑创作与思考. 南方建筑

138. 张锦秋，林汉廷. 塑造新的城市形象. 建筑学报，1993.1

139. 徐苏斌. 中国的"新"古典主义. 建筑学报，1989.8

140. 渠箴亮. 再论现代建筑与民族形式. 建筑学报，1987.3

141. 艾定增. 神似之路——岭南建筑学派四十年. 建筑学报，1989.10

142. 张仲一. 从西方建筑界的现状看建筑与科学关系. 建筑学报，1985.1

143. 郑振纮. 得之桑榆　失之东隅——评中国大酒店和白天鹅宾馆的选址. 建筑学报

144. 佘畯南. 从建筑的整体性谈白天鹅宾馆设计构思. 建筑学报，1983.7

145. 莫伯治，何镜堂. 南越王墓博物馆规划设计. 建筑学报，1991.8

146. 莫伯治，何镜堂. 南越王墓博物馆第二期工程珍品馆建筑设计. 建筑学报，1995.1

147. 莫伯治，何镜堂等. 从具象到抽象——岭南画派纪念馆的构思. 建筑学报，1992.12

148. 赵伯仁. 创作不止 创新不止. 莫伯治集

149. 莫伯治，莫京. 广州红线女艺术中心. 建筑学报，1999.4

150. 何镜堂，李绮霞. 造型·功能·空间与格调. 当代中国建筑师何镜堂

151. 胡镇中. 一代精英. 郭怡昌作品集

152. 何镜堂. 环境·文脉·时代特色. 建筑学报，1995.10

153. 伍乐园. 文化建筑是经济繁荣，社会发展的重要标志. 建筑学报，1998.2

154. 黄　劲. 广州市购书中心设计. 建筑学报，1998.10

155. 林兆璋等. 空间与环境. 建筑学报，1998.10

156. 许安之. 岭南建筑的文化背景和势. 建筑学报，1999.9

157. 廖　扬等. 膜结构建筑简介. 建筑学报，1997.7

158. 佘畯南. 建筑——对人的研究. 建筑学报，1985.10
159. 佘畯南. 对创作之路的认识和体会. 佘畯南集
160. 佘畯南. 作一个人民的建筑师. 当代中国建筑师(第二卷)，1990
161. 莫伯治. 梓人随想. 建筑师的修养. 中国建筑工业出版社，1992.6
162. 袁奇峰等. 广州市第二甫下九路传统骑楼商业街步行化初探. 建筑学报，1998.3